读图时代

城 市 格 调 鉴 赏 系 列

艾敏 /编著

cns | 湖南美术出版社

图书在版编目(CIP)数据

中国茶鉴赏手册/艾敏编著.—长沙:湖南美术出版社,2012.6

ISBN 978-7-5356-5436-6

Ⅰ.①中… Ⅱ.①艾… Ⅲ.①茶叶—鉴赏—中国—手册 Ⅳ.①TS272-62

中国版本图书馆CIP数据核字(2012)第115133号

中国茶鉴赏手册

出 版 人:李小山
编　　著:艾　敏
责任编辑:李　坚　杜作波
出版发行:湖南美术出版社
（长沙市东二环一段622号）
印　　刷:长沙湘诚印刷有限公司
（长沙市开福区伍家岭新码头95号）
经　　销:湖南省新华书店
版　　次:2012年 7月第 1 版第 1 次印刷
开　　本:889×1194　1/32
印　　张:6.25
书　　号:ISBN 978-7-5356-5436-6
定　　价:49.00元

邮购电话:0731-84787105　邮编:410016
网址:http://www.arts-press.com
电子邮箱:market@arts-press.com
如有倒装、破损、少页等印装质量问题，请与印刷厂联系斢换。
联系电话:0731-84363767

前言

中国是茶的故乡，是茶的原产地，也是最早发现茶树和利用茶树的国家。从最早的茶叶生煮羹饮，到唐代的蒸青茶饼、宋代的分茶斗茶，再到明清时期散茶的全面崛起，在千年的历史进程中，茶的制作工艺和饮用习惯不断地发生着变化；而且茶的种类更是从绿茶发展到红茶、白茶、黄茶、青茶、黑茶等诸多种类。茶的种植和制作也逐渐规模化，四大茶区更以其不同的气候及种植条件，推陈出新，培育出了众多优良茶种。

好茶还需好器烹，茶具也成了茶艺中另一道亮丽的风景。各种不同质地、不同形态的茶具为品饮增添不同的情趣。关于茶艺，不同茶类形成了不尽相同的冲泡技艺。在书中，我们以图文并茂的方式，详细地向大家展示了不同茶类的冲泡技艺，直观而浅显易懂。

中国绵延不绝的文明传统，赋予了茶深厚的文化底蕴。对茶与传统文化、茶与民间风俗、茶与茶馆文化的探讨中，我们会发现，茶对于中国人来说，不仅是一种健康之饮，更是一种不可或缺的文化之饮、灵魂之饮。

目录

第一章　茶的缘起 ...... /1

最早的茶 ...... /2

千年茶香 ...... /3

唐代以前的茶 ...... /3
唐代，煮茶而饮 ...... /4
宋代，点茶与斗茶 ...... /7
元明清，散茶的崛起 ...... /10

茶树的分类 ...... /13

按生长方式分类 ...... /13
按植株形态分类 ...... /14

茶叶加工的基本程序 ...... /17

采摘 ...... /17
杀青 ...... /18
萎凋 ...... /20
揉捻 ...... /21
发酵 ...... /22
干燥 ...... /22

第二章　名茶品鉴 ...... /23

绿茶 ...... /24

认识绿茶 ...... /24
西湖龙井 ...... /29
洞庭碧螺春 ...... /31
顾渚紫笋 ...... /33
金山翠芽 ...... /35
金奖惠明 ...... /36
天目青顶 ...... /37
安吉白茶 ...... /38
雁荡毛峰 ...... /39
黄山毛峰 ...... /40
屯绿 ...... /42
六安瓜片 ...... /43
都匀毛尖 ...... /45
普陀佛茶 ...... /46
太平猴魁 ...... /47
休宁松萝 ...... /49
老竹大方 ...... /50
涌溪火青 ...... /51
敬亭绿雪 ...... /52
九华毛峰 ...... /53
信阳毛尖 ...... /55
金坛雀舌 ...... /56
蒙顶甘露 ...... /57

竹叶青 ...... /58
径山香茗 ...... /59
庐山云雾 ...... /60

红茶 ...... /62
认识红茶 ...... /62
正山小种 ...... /65
祁门红茶 ...... /66
滇红功夫茶 ...... /67
川红功夫茶 ...... /68
宁红功夫茶 ...... /69
宜红功夫茶 ...... /70
白琳功夫茶 ...... /71

乌龙茶 ...... /72
认识乌龙茶 ...... /72
安溪铁观音 ...... /75
黄金桂 ...... /77
武夷大红袍 ...... /78
铁罗汉 ...... /80
白鸡冠 ...... /82
凤凰单枞 ...... /83
永春佛手 ...... /84
竹山金萱 ...... /85
大禹岭乌龙茶 ...... /86
杉林溪乌龙茶 ...... /87
冻顶乌龙茶 ...... /88
东方美人 ...... /89
木栅铁观音 ...... /91

白茶 ...... /92

认识白茶 ...... /92

白毫银针 ...... /93

白牡丹 ...... /96

贡眉 ...... /97

新工艺白茶 ...... /98

黄茶 ...... /99

认识黄茶 ...... /99

君山银针 ...... /102

平阳黄汤 ...... /103

霍山黄芽 ...... /104

蒙顶黄芽 ...... /105

黑茶 ...... /107

认识黑茶 ...... /107

湖南黑茶 ...... /109

六堡茶 ...... /111

四川边茶 ...... /113

湖北老青茶 ...... /115

普洱茶 ...... /116

再加工茶 ...... /126

茉莉花茶 ...... /124

玫瑰红茶 ...... /1279

珠兰花茶 ...... /120

调饮茶 ...... /129

第三章　喝茶的艺术 ...... /133

美器配佳茗 ...... /134

古代的茶具 ...... /134

现代茶艺的茶具 ...... /141

好水泡好茶 ...... /144

古人选水 ...... /144

宜茶之水 ...... /146

绿茶茶艺 ...... /149

西湖龙井茶艺 ...... /150

红茶茶艺 ...... /152

祁门红茶茶艺 ...... /152

乌龙茶茶艺 ...... /154

铁观音茶艺 ...... /154

黑茶茶艺 ...... /158

六堡茶茶艺 ...... /158

普洱茶茶艺 ...... /167

黄茶茶艺 ...... /161

霍山黄芽茶艺 ...... /161

白茶茶艺 ...... /163

白牡丹茶艺 ...... /163

再加工茶茶艺 ...... /165

茉莉花茶茶艺 ...... /165

第四章　中国茶文化与茶俗 ...... /169

茶与儒、释、道 ...... /170

茶与儒家 ...... /170

茶与佛家 ...... /172

茶与道家 ...... /173

中国茶俗 ...... /175

以茶会友 ...... /175

奉茶敬客 ...... /176

茶与婚姻 ...... /177

茶与祭祀 ...... /178

茶馆文化 ...... /178

北京老茶馆 ...... /179

成都老茶馆 ...... /181

广州老茶馆 ...... /182

杭州老茶馆 ...... /183

第一章　茶的缘起

中国是茶的故乡。茶树原本是一种野生的植物，最初人类并不知道它的功能与用途。新石器时代晚期，中国人最早发现了茶叶并开始了饮茶的历史。

最早的茶

关于饮茶习俗的起源，有一个著名的传说。据说在距今5000多年前的原始社会，中原有位部落首领，被称为“神农氏”，他最早发明了耕地用的耒耜，教会人们种植粮食；他最早发现了草药，帮人治病疗伤。当然，神农氏也是最早发现茶叶的人。他发现这种植物不仅味道清香，还能解渴生津、提神醒脑，并有利尿解毒的作用……这虽然只是个传说，但反映出中国人发现与利用茶叶的历史至今已有数千年。

神农氏画像

马家窑文化彩陶罐（新石器时代）

在神农氏的时代，人们已经开始制造陶器，并过上了相对定居的生活。当时人们对茶的认识仅停留在药用价值的阶段，通常是简单地咀嚼食用，因此还谈不上使用专用的茶具。新石器时代的陶罐、陶钵，可以看成是茶具的源头，因为古人除咀嚼茶叶这一种方法外，也有可能把茶叶和其他蔬菜一起混煮或混用。直到今天，中国云南省西双版纳的基诺族的餐桌上还有凉拌茶这道传统菜肴。

商周时期（前1600~前256），史籍中关于茶叶的记载并不多，只是零星地提到巴蜀一带（现四川省境内）种植茶树，巴人曾把茶叶作为贡品献给周天子。而且，将茶作为饮料，也是始于巴蜀地区。战国末期（前 221 年前后），秦灭巴蜀以后，茶才在全国逐渐普及开来。

四川蒙山老茶树

千年茶香

中国茶从公元前 28 世纪的神农氏到现在，已经存在了几千年，这其中，它随着各朝代的变迁也悄然变化着。

唐代以前的茶

从汉代（前 202~220）到三国两晋南北朝（220~589），关于用茶的记载开始多起来。西汉时期，随着社会经济的迅速发展，茶叶已经作为商品在市场上销售了，西汉末期的《僮约赋》中所记载的“烹茶尽具”，说明在当时的四川一带已经有了专门的烹茶用具，而“武阳买茶”这句，则说明了当时的四川武阳（今成都附近的彭山一带）地区已经有了出售茶叶的店铺，这恐怕是茶叶作为商品买卖的最早的记载了。东汉末年，名医华佗在他所著的《食论》中这样记载："苦茶久食，益意思。"这是对茶叶药理的第一次记述。随着人们生活水平的提高，茶的运用也越来越广泛，茶不仅仅是作为饮品、食品那么简单了，史书《三国志》中就说到吴国君主孙皓（孙权的后人）"密赐茶以当酒"，"以茶代酒"成为了茶的另一种诠释。

越窑青瓷点彩鸡首壶（东晋）

鸡首壶已具备了现代茶壶的基本形状，可以看做是茶壶的祖先。

越窑青瓷盏托（东晋）

唐代，煮茶而饮

唐代是一个相当开放的历史时期，经过开国几代帝王的励精图治，到了开元、天宝年间（713~756），大唐的物质财富达到鼎盛期。人们生活富裕，对精神生活的需求日益加剧，此时的饮茶已不仅仅停留在粗放式解渴、药饮的层面，而是追求艺术化的过程，也就是后人所评价的"品饮阶段"。历史上最著名的茶圣陆羽就是生于唐代，他所编著的《茶经》一书，代表着茶文化的开始。

唐代的茶叶种植面积大增，产量也大幅度地提高。由于南北

白釉茶炉及茶釜（唐）

因唐代的饮茶方式以烹煮为主，所以茶釜是当时的一种重要茶具。

气候相差悬殊，在不同的地理、气候环境下，各地生产的茶叶质量也不尽相同，通过时人的评比，当时产生了不少的名茶。而由于茶叶产量以及消费量的上升，朝廷也开始把茶作为征税的重要对象，茶税，成为唐代的一项重要财政收入。同时朝廷在顾渚（今江西宜兴）设立贡茶院，专门派人监督加工贡茶。此时贡茶的名优品目已经有数十种，如湖州的“顾渚紫笋”，剑南的“蒙顶石花”，峡州的“碧涧、明月”，福州的“方山露芽”，岳州的“湖含膏”，洪州的“蕲门月团”，东川的“神泉小团”，夔州的“香雨”，江陵的“南木”，婺州的“东白”，睦州的“鸠坑”，常州的“阳羡”等。唐朝的贡茶绝大部分是蒸青团饼茶，有大有小，有方有圆。最好的茶叶都集中到皇室中，当时官员如果政绩颇佳或是作出了特殊

《陆羽烹茶图》（元 赵原）

这幅图中山水清远，数座茅屋，屋内倚坐在榻上的人即为陆羽，前有一童子正在焙炉烹茶。

贡献，以及外番来朝，都会受到大唐天子的赐茶礼遇。

相对而言，唐人饮茶的程序比起我们现代人可复杂得多，从另一方面说，也艺术得多。这是由茶叶的加工方法不同决定的。唐代的茶叶以饼茶为主，茶叶品饮方式讲究“煮茶”或“煎茶”。“茶圣”陆羽在《茶经》中曾经记载了28种用途各异的茶具，而在普通人家里，准备的茶具可能相对简单些，但其中有几件则是必需的，那就是茶炉、茶釜、茶碾（或茶臼、茶磨）、茶碗。煮茶的程序是，先把饼茶放在火上炙烤片刻，后放入茶臼或茶碾中碾成茶末，放入茶罗筛选，将筛出的茶末放在茶盒中备用。另外还要准备好风炉，在茶釜中放入适量的水，煮水至初沸（观察釜中水泡如蟹眼）时，按照水量的多少放入适量的盐；到第二沸（釜中水泡如鱼眼）时，用勺子舀出一勺水储放在熟盂中备用；在釜中投放适量的茶末，等到第三沸（釜中水如波浪翻腾）时，把刚舀出备用的水重倒入茶釜，使水不再沸腾。这时茶就已煮好了，准备好茶碗，把煮好的茶用勺子注入茶碗。

《萧翼赚兰亭图》（唐 阎立本）

这幅画传为唐代著名画家阎立本（？~673）所作，是迄今为止发现的最早的茶画。画面描绘了儒生与僧人共同品茗的场景，右侧两僧一儒，似一边在谈佛论经，一边在等待香茶奉上。令人注意的是画面左下角一老一少两个侍者正在煮茶调茗的场景。老者手执茶夹搅动茶铫中刚刚放下的茶末，一旁童子正弯腰捧碗以待。这是极为典型的唐代寺院茶事礼仪图，是唐人茶事的传神写照。

宋代，点茶与斗茶

宋朝，茶的发展更为广阔，历史上有“茶兴于唐而盛于宋”一说。宋太宗赵炅在太平兴国年间就开始在建安一带设置宫焙，专门制造北苑贡茶，从而使龙凤团茶有了较大的发展。此时北苑贡茶的品目已有四五十种之多，其中最为著名的名优贡茶有 “瑞云祥龙”、“白茶”、“御苑玉芽”、“万寿龙芽”、“无比寿芽”、“试新”、“贡新”、“银丝水芽”、“龙团胜雪” 等。贡茶的兴起，使得当时一种特有的品茶之风随之应运而生，那就是宋代著名的点茶

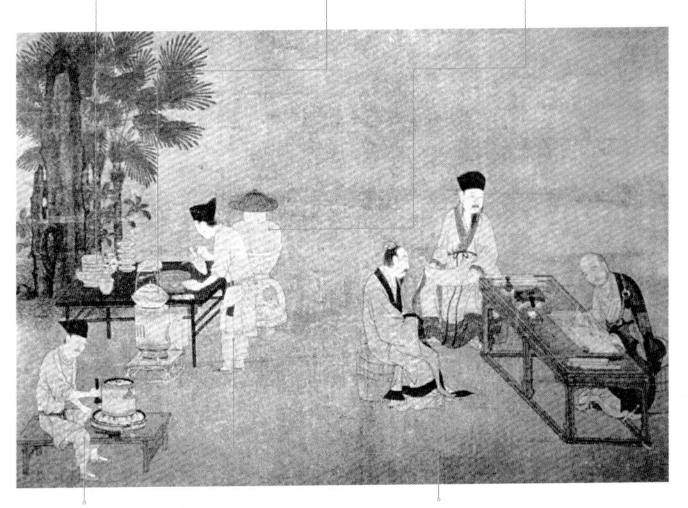

《撵茶图》（南宋 刘松年）

宋代饼茶饮用前需将茶饼碾成粉末，过筛后冲点，《撵茶图》生动地再现了碾茶这个工序。《撵茶图》可见碾茶、煮茶等茶事活动已经与文人的笔墨生活融为一体，成为文士生活的一部分。

和斗茶。

点茶法其实在晚唐时就已出现，到了宋代，成为从文人士大夫阶层到民间都十分流行的饮茶习俗与时尚。和唐代的煎茶法不同，宋代的点茶法是将茶叶末放在茶碗里，注入少量沸水调成糊状，然后再注入沸水，或者直接向茶碗中注入沸水，同时用茶筅搅动，茶末上浮，形成粥面。

宋代，朝廷在地方建立了贡茶制度，地方为挑选贡品需要一种方法来评定茶叶的品位高下。根据点茶法的特点，民间也兴起了斗茶的风气。

斗茶多选在清明节期间，因此时新茶初出，最适合参斗。斗茶的参加者都是饮茶爱好者的自由组合，多的十几人，少

《卢仝煮茶图》（南宋 钱选）

钱选（约1239~1299），字舜举，号玉潭，浙江吴兴（今湖州）人，宋末元初时期著名的画家。卢仝（约795~835），唐代诗人。在中国茶文化史上，卢仝是与“茶圣”陆羽齐名的人物，所谓“陆羽著经，卢仝作歌”，一向被称为中国茶文化史上的两件大事。在与茶有关的古代绘画中，卢仝可以说是一大热门题材。这些茶画共同的内容都表现的是卢仝在山坡上、峭石旁煎茶的情景。

的五六人，斗茶时，还有不少看热闹的街坊邻舍。斗茶内容包括：斗茶品、斗茶令、茶百戏。

斗茶品以茶“新”为贵，一斗汤色，二斗水痕。首先看茶汤色泽是否鲜白，纯白者为胜，青白、灰白、黄白为负。汤色能反映茶的采制技艺，茶汤纯白，表明茶叶肥嫩，制作恰到好处；茶汤偏青，说明蒸茶时火候不足；茶汤泛灰，说明蒸茶火候已过；茶汤泛黄，说明采制茶叶不够及时；茶汤泛红，则说明烘焙过了火候。

其次看茶汤的汤花持续时间长短。宋代主要饮用团饼茶，调制时先将茶饼烤炙后碾细。将筛过的极细的茶粉放入碗中，注以沸水，同时用茶筅快速搅拌击打茶汤，使之发泡，泛起汤花，称为“击拂”。如果研碾细腻，点茶、点汤、击拂都恰到好处，汤花就匀细，可以紧咬盏沿，久聚不散，这种最佳效果叫做“咬盏”。若汤花不能咬盏，而是很快散开，汤与盏相接的地方立即露出“水痕”，这就输定了。水痕出现的早晚，是茶汤优劣的依据。

斗茶令，即古人在斗茶时，轮流讲故事或吟诗作赋，内容皆与茶有关，如同行酒令，用以助兴增趣。而茶百戏，又称“汤戏”或“分茶”，是宋代流行的一种茶道。这是将煮好的茶注入茶碗中的技巧，能使茶汤汤花在瞬间显示出瑰丽多变的景象。汤花或如山水云雾，或像花鸟鱼虫，好似一幅幅水墨图画，这需要较高的沏茶技艺。

黑釉玳瑁斑兔毫盏（南宋）

因宋人斗茶推崇白色的茶汤，所以黑釉茶盏非常流行。宋代的黑釉盏以建窑为代表，一般胎体较厚，盏壁较深，利于发茶，不易冷却；盏底较宽，便于茶筅搅拌。黑釉盏上的玳瑁斑始创于宋代吉州窑，是由黑、黄等色交织混合形成的釉色，犹如玳瑁海龟的色调，故名。

龙凤团茶

北宋初期的太平兴国三年（978），宋太宗遣使至建安北苑（今福建建瓯市东峰镇），监督制造一种皇家专用的茶饼，因茶饼上印有龙凤纹饰，称为“龙凤团茶”。而皇帝用的龙凤团茶表面的花纹则是用纯金镂刻而成。龙凤团茶的制作方法十分讲究，采取极细的茶树嫩芽，经过烘焙，研成粉末，加上配料，用特制的木模压成饼状或窝头状，再用印着龙凤图案的细绵纸包装上蜡。饮用的时候打开包装，掰下一点，放进黑釉茶盏，研碎后冲入滚水，待泡沫消失即可品尝。由于团茶的原料和制作都有特殊要求，产量很少，价格也就很高，几乎与黄金等价。

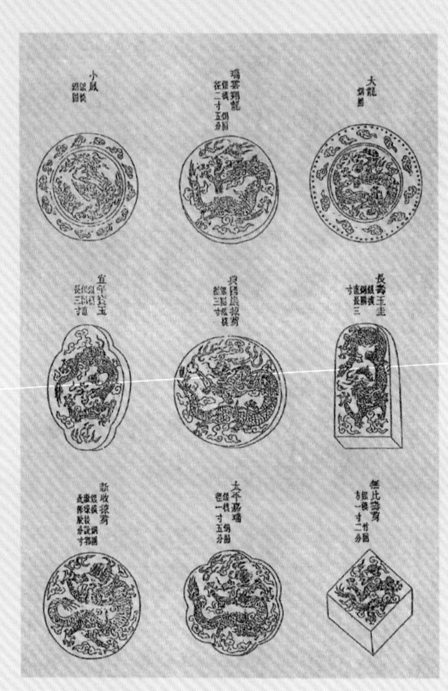

龙凤团茶线描图

元明清，散茶的崛起

元（1206 ~ 1368）是由蒙古族建立的政权。习惯于马背上生活的蒙古族人在建国之初，基本上延续了本民族的习俗，以饮酒为主。元政权统一后，统治者实行了民族分化政策，对中原汉族文化进行压制，但是在风俗习惯和文化思想等方面，蒙古人还是受到了汉族文化潜移默化的影响，饮茶即是一例。元代可以说是处于从唐宋的团饼茶为主向明清的散茶瀹泡法的过渡阶段，两种饮茶法都存在，但散茶冲泡已开始兴起。

景德镇窑青白釉盏托（元）

宋代的饮茶方式发展到元代已开始走下坡路，因饼茶的加工成本太高，而且其在加工过程中把茶汁榨尽，也违背了茶叶的自然属性。所以到了元代，团饼茶已开始式微，之前已经出现的散茶从明代开始大行其道。

《斗茶图》（元 赵孟頫）

宋代盛行斗茶， 宋末元初的大画家赵孟頫的《斗茶图》是反映斗茶活动最为著名的画作之一。图上有四人，两位为一组，左右相对，每组中的长髯者为主角，各自身后的年轻人是助手，属配角。斗茶比技巧、斗输赢，趣味性很强，茶农、僧人、文士均喜爱，场面十分热闹。元代的斗茶之风已渐渐消隐，赵孟頫的《斗茶图》是画家对宋代斗茶的追想与怀念。

明朝初期，虽然散茶在民间已经逐渐得到普及，但进贡宫廷的贡茶仍然采用福建的团饼茶。后来，明太祖朱元璋认为进贡团饼茶太“重劳民力”，于是下令停止龙凤饼茶的进贡，而改进芽茶（散茶的一种）。明太祖的诏令，对进一步破除团饼茶的传统束缚，促进散茶的蓬勃发展，起到了有力的推动作用。明代的大学者沈德符对冲泡饮茶法赞赏有加，并在他所著的《野获编补遗》中这样说：“按茶加香物，捣为细饼，已失真味……今人惟取初萌之精者，汲泉置鼎，一瀹便啜，遂开千古茗饮之宗。”

珐琅彩白砂茶壶（清）

由明朝起，中国茶已经开始向世界各地发展。1610 年，荷兰人将茶从澳门运至欧洲；1618 年，中国皇帝就专门派人将茶叶馈赠给俄国沙皇。而到清康熙时期，东印度公司已将茶叶运往英国乃至世界各地。从此之后，中国茶遍布世界各地。

《烹茶洗砚图》（清 钱慧安）

钱慧安（1833～1911），字吉生，晚清时期著名画家，以人物画见长。这幅画是清同治十年（1871）作者为友人文舟所作的肖像画。在两株虬曲的松树下，有傍石而建的水榭，一中年男子倚栏而坐。榭内琴桌上置有茶具、书函，一侍童在水边洗砚，另一侍童拿着蒲扇，对小炉扇风烹茶。红泥小火炉上架着一把东坡提梁壶，炉边还放有一个色彩古雅的茶叶罐，而这时的小童正侧头观看一只飞起的仙鹤。画面的意境给人以高雅脱俗之感。

茶树的分类

唐代陆羽的《茶经》、宋代的《东溪试茶录》、宋徽宗的《大观茶论》等茶书，记载着许多古人发现、驯化、利用野生茶树的经验和轶事。茶树经过世代的繁衍和传播，在多种生态和生产条件的长期影响，以及人工驯化和选择的作用下，形成了十分丰富的品种资源。随着生产的发展，茶树品种更是层出不穷。

按生长方式分类

野生茶树

野生茶树是指非栽培状态下的茶树。人类进行栽培以前的茶树均为野生，形成的原因一般有两个：一是原来的野生茶在自行繁衍的过程中，范围不断扩大并产生了新的变异体，多为具有原始性的茶树；二是早年为人工栽培，后来被丢弃在荒野，大多是生长在人类活动区域内的地方品种。野生茶树的生长环境复杂，抗逆性强，具有遗传的多样性，只要加以鉴定整理，便可用于生产或育种。如宜昌大叶茶、勐库大叶茶、汝城白毛茶等。

野生大茶树

栽培茶树

栽培茶树是指以采叶或采种为目的的栽培型茶树，大多数为农家品种、育成品种、引进品种、品系、单枞等，也有原来是野生茶，但后来经过人工驯化以后成为栽培茶树的。分类上多属于茶种和变种，像白毛茶变种、阿萨姆变种等。

栽培型茶树

按植株形态分类

乔木型茶树

乔木型茶树主干明显、粗大，分枝部位较高，多半为较原始的野生类型，主根发达。一般在自然生长的状况下，树高可达 3 ~ 5 米，野生的茶树可高达 10 米以上。

乔木型茶树

小乔木型茶树

小乔木型茶树是属于乔木型和灌木型茶树之间的类型，有比较明显的主干，分枝部位也较高，在自然生长的情况下，树冠直立高大，根系比较发达。

小乔木型茶树

灌木型茶树

灌木型茶树主干矮小，分枝稠密，主干与分枝不易分清，根系分布较浅，侧根发达。在自然生长的情况下，一般树高约 1.5 ~ 3 米。

灌木型茶树

中国茶四大产区列表

茶区	概述	气候	地形	出产名茶
华南茶区	中国最南部的茶树生长区域。	热带、南亚热带季风气候，年平均气温为18℃~24℃。	水热资源丰富，在有森林覆盖下的茶园，土壤肥沃，有机物质含量高。	铁观音、凤凰单枞、冻顶乌龙、凌云白毫等。
西南茶区	中国西南部的茶叶生长区域，是中国最古老的茶区之一。	属亚热带季风气候，地势高，垂直气候变化大。	地形复杂，大部分地区为盆地、高原，土壤类型亦多。	蒙顶甘露、都匀毛尖、青城雪芽等。
江南茶区	中国长江以南、南岭以北的茶树生长区域。	属中亚热带、南亚热带季风气候区，四季分明，全年平均气温为15℃~18℃。	大多处于低丘低山地区，也有海拔1000米以上的高山。	黄山毛峰、西湖龙井、洞庭碧螺春、恩施玉露、大红袍、庐山云雾等。
江北茶区	中国长江以北的茶树生长区域，是我国最北的茶区。	属于北亚热带和暖温带季风气候区，年平均气温为13℃~16℃。	地形较复杂，茶区多为黄棕土。	六安瓜片、信阳毛尖、舒城兰花、霍山黄芽等。

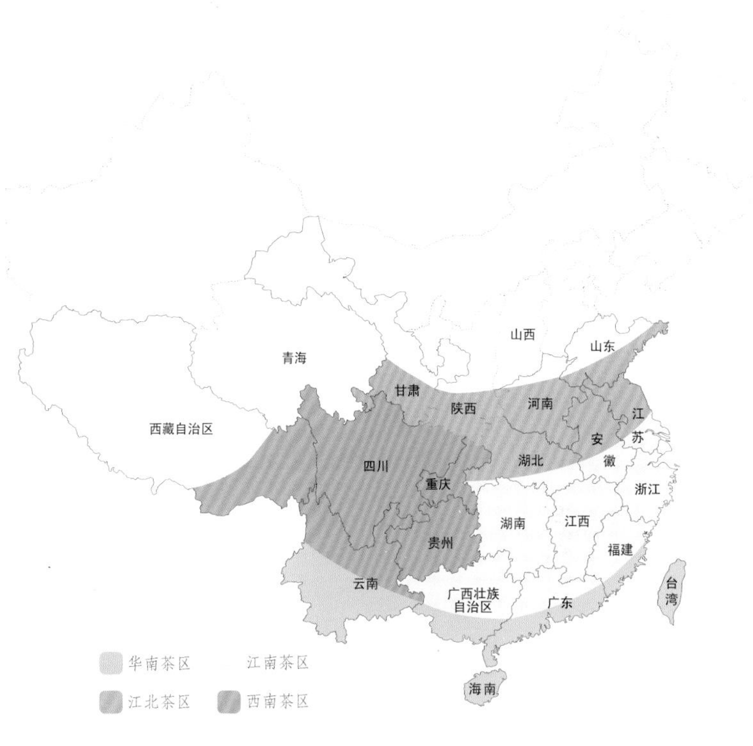

中国四大茶区示意图

茶叶加工的基本程序

从茶树上采下的嫩枝芽叶,叫“鲜叶”,又称“生叶”或“青叶”,是各类茶叶品质的物质基础。鲜叶经过一系列的加工过程，成为粗制品“毛茶”。而毛茶还要经过不同方式的再加工过程，才能成为可以饮用的“净茶”。

采摘

鲜叶的采摘具有很强的季节性，茶农的农谚有“早采三天是个宝，迟采三天是棵草”的说法。有经验的茶农熟知茶叶的生长习性，依据茶树不同的发芽时机，形成了按标准及时采和分批多次采等多种采摘习惯。

一般来说，茶叶采摘共分春、夏、暑、秋、冬五季，不同品种的茶树的采摘的时机不同。其中绿茶以春季采摘最佳。因为茶树经一冬的休养，加上春季雾露的滋润，所产茶叶加工冲泡后口感甘甜爽口，香气浓郁。

茶叶的采摘 杨信绘

杀青

杀青是绿茶、黄茶、黑茶等茶类加工制作的第一道工序，是在短时间内使叶片温度达到180℃以上，从而迅速破坏鲜叶中多酚氧化酶的活性，制止多酚化合物的氧化，以获得应有的色、香、味。杀青的程度会对成茶造成很大的影响，杀青温度较低时，就无法快速破坏酶活性，反而致使茶多酚发生酶促氧化，生成黄色或红色的氧化物，这时成茶的叶底就会出现红梗红叶的现象。而当杀青温度较高时，鲜叶特别是嫩芽就很容易被烧焦，从而出现焦斑和爆点。

绿茶的机器杀青

杀青的方式包括炒青、蒸青、烘青、泡青、辐射杀青等，有手工和机械两种方法，制作高级名茶一般用手工锅炒，而规模生产则用杀青机，有锅式、草式、转筒式三种。

绿茶的炒制杀青

萎凋

萎凋是红茶、白茶和乌龙茶加工制作的第一道工序。将采摘来的鲜叶摊在一定的环境条件下，使叶片中的水分蒸发、体积缩小、叶质变软、酶活性增强，引起内含物发生变化等。萎凋的方法大致有日光萎凋、室内萎凋和人工控制萎凋三种。日光萎凋是指在晴天至多云天气时，将鲜叶薄摊在光照下使其失水变软，这是最有利于茶叶品质和最节省能源的萎凋方式。室内萎凋是指在一定的温湿度下将鲜叶薄摊于室内，让其自然失水变软的萎凋方式，室外气温较高、空气湿度较低时，如晴天太阳过烈、秋天天气干燥时常会使用。人工控制萎凋是指人为地用一些办法将鲜叶萎凋，如槽式萎凋、萎凋机萎凋等等。

茶叶的萎凋处理

揉捻

揉捻是指在人力或机械力的作用下，使叶子卷成条并破坏其组织的工序，是各种茶类成形的重要工序之一，主要的作用是初步造型和使茶汁附着于叶片表面。在揉捻的操作过程中要掌握“嫩叶轻揉、老叶重揉”的原则。根据所制茶类的不同，揉捻还分初揉和复揉两步，初揉的目的在于塑造美观匀称的外形，一般大宗的茶都是使用机械进行初揉，省时省力，而一些名优茶类则采用手工或小型机械进行。复揉就是重复地再揉捻一次，有些茶叶经过揉捻以后条索回松，要复揉一次紧条，以轻压、短时、慢揉的方法，使茶的条索紧结。

茶叶的揉捻 杨信绘

发酵

发酵是红茶、黑茶、黄茶和乌龙茶初制的主要工序，是茶叶进行酶性氧化、形成有色物质的过程。发酵过程一般都是在能控制温度、湿度的专用室内进行，温度、湿度、通氧度、时间、叶片的含水量等都是影响发酵的重要因素。

干燥

干燥是要让多余的水分汽化，破坏酶活性，终止酶促氧化，促使茶叶内含物发生热化学反应，提高茶叶的香气和滋味。干燥是茶叶初制的最后一道工序。干燥的温度、投叶量、时间和操作方法都是保证产品质量的技术指标。干燥的方法也有不同，一般炒青类的茶都用炒干方式，而烘青类、红茶及部分名优的茶类都是用烘干方式，也会根据茶类的不同进行初烘和复烘。也有的茶类进行自然干燥，就是利用自然的条件去除掉茶叶中的水分，一般白茶常用这种方法。

绿茶的烘干

第二章　名茶品鉴

根据制作工艺和发酵程度的不同，中国茶可以分为绿茶、红茶、青茶、黄茶、白茶、黑茶和再加工茶几大类，其中以绿茶生产历史最久，种类最多。

绿茶

绿茶，也称“不发酵茶”，是未经发酵的茶，是中国历史上出现得最早的茶类，经过杀青、揉捻或不揉捻、干燥而制成，其最大特点是汤清叶绿。绿茶是中国的主要茶类，在六大茶类里产量最高，年产 40 万吨左右。绿茶产区最广，主要分布在浙江、安徽、江西、江苏、四川、湖南、湖北、广西、福建、贵州等地。

认识绿茶

由于绿茶属不发酵茶，所以冲泡出来的绿茶呈现出“绿汤绿叶”的特点。除此之外，绿茶还有防衰老、防癌、抗癌等功效。

春茶有早春、明前、雨前之分，早春茶即春天第一批采摘的茶，明前茶指清明节前采摘的茶，雨前茶指谷雨节前采摘的茶。由于明前、雨前茶采茶期短，产量有限，采摘的最佳时机稍纵即逝，所以也较珍贵。好的绿茶要确保手采，只采顶端最嫩的一芽一叶或一芽二叶。用行话来说，一芽一叶也称“旗枪”，一芽二叶也称“雀舌”。

绿茶的采摘

绿茶的种类

绿茶按加工工艺中杀青方式和最终干燥方式的不同，可分为炒青绿茶、烘青绿茶、晒青绿茶和蒸青绿茶四类。

炒青绿茶是将鲜叶杀青、揉捻后利用锅炒的方式进行干燥制成的绿茶。用此方法制成的绿茶具有锅炒的高香味。西湖龙井、安徽涌溪火青属炒青绿茶。

炒青绿茶的炒制

烘青绿茶是将鲜叶杀青、揉捻后利用炭火或烘干机烘干的绿茶。黄山毛峰、太平猴魁、六安瓜片、顾渚紫笋属烘青绿茶。烘青绿茶条索疏松，有利于花香味的附着，所以比较适合作为熏制花茶的原料。此外，还有一种烘炒结合的半烘炒型绿茶，既有炒青茶香高味浓的特点，又保持了烘青茶芽叶完整、白毫显露的特色。

晒青绿茶就是将鲜叶杀青、揉捻后直接用日光进行晒干的绿茶。其中以用云南的大叶种茶所制作的晒青绿茶“滇青”最为著名，此外还有川青、黔青、桂青、鄂青。晒青绿茶的原料比较粗老，加工也比较粗放，一般作为沱茶、紧茶、饼茶等紧压茶的加工原料。

蒸青绿茶是利用蒸汽将鲜叶杀青、蒸软，然后揉捻、干燥而成的绿茶。蒸青利用蒸汽来破坏鲜叶中的酶活性，形成干茶深绿、茶汤浅绿、茶底青绿的“三绿”特征，但香气较闷，带青气，且涩味较重，不及炒青绿茶鲜爽。蒸青绿茶是我国古代最早发明的一种茶类。相传，南宋咸淳年间，日本高僧大广心禅师将径山寺的“茶宴”和“抹茶”制法带到了日本，并启发了日本“茶道”的兴起。时至今日，日式“茶道”所用仍是蒸青绿茶。

蒸青绿茶制成的日式抹茶

绿茶之色

绿茶干茶的色泽以绿色为主，但又有嫩绿、鲜绿、翠绿、苍绿、墨绿、银绿等颜色上的差别。

嫩绿：鲜叶嫩度较高，干茶、汤色和叶底色呈新鲜的浅绿色，是优质蒙顶甘露、华山银毫所呈现的色泽。

鲜绿：干茶、叶底的色鲜绿明亮，是优质安吉白茶所呈现的色泽。

翠绿：也称“绿翠”，干茶、叶底像翡翠般鲜绿，多数名优绿茶呈此种色泽。

苍绿：干茶绿色稍深，泛着青，一些烘青绿茶有此色泽，太平猴魁便呈现这种色泽。

墨绿：茶叶在制造中细胞破坏率较高，干茶呈深绿色。绿茶中的中档春茶多见此色泽。

银绿：干茶白毫较多，表面略带银灰色光泽，是优质碧螺春、庐山云雾呈现的色泽。

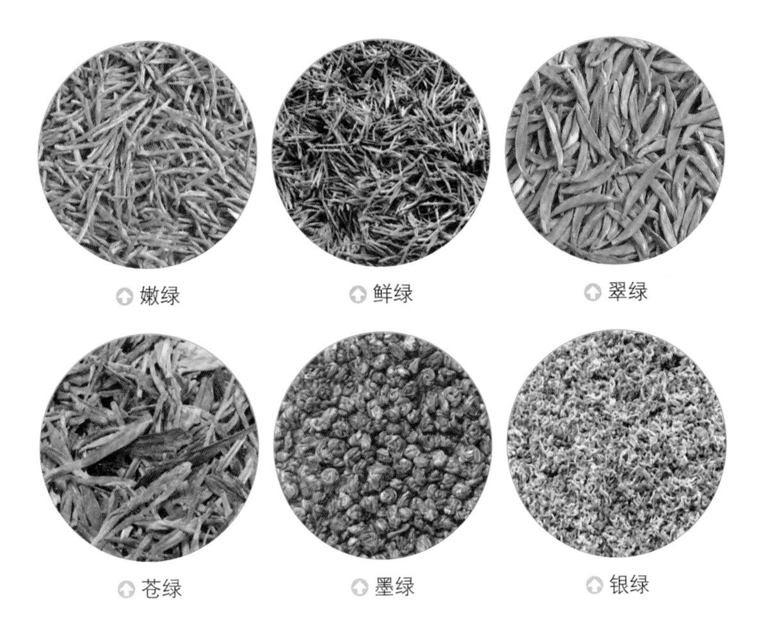

嫩绿 鲜绿 翠绿

苍绿 墨绿 银绿

绿茶之香

绿茶的香气分为嫩香、清香、毫香、板栗香、花香和海藻香几种，其中嫩香新鲜柔和，清香沁人心脾；毫香为多毫嫩芽所特有，鲜叶白毫越多，茶的毫香越浓；板栗香、花香、海藻香分别具有熟板栗的甜香、鲜花的香味及海藻的味道。更有的绿茶兼具几种香型，茶香丰富。

绿茶之味

绿茶茶汤的味道来自溶于其中的茶多酚、氨基酸、咖啡因、花青素、茶皂素、有机酸、可溶性糖等物质。质量好的绿茶，茶汤应具备鲜、醇、厚、回甘这些特性。“鲜”指鲜美、鲜浓；“醇”指入口柔和，不会产生强烈的刺激；“厚”指入口后有厚实感；“回甘”指入口后先苦后转为甘甜之感。

西湖龙井

类型：炒青绿茶
外观：叶形扁平光滑，锋苗尖削，芽长于叶，无茸毛，色泽嫩绿或青绿
茶香：清香或嫩栗香，芬芳且持久
汤色：嫩绿（黄）明亮
滋味：清爽或浓醇
叶底：嫩绿，完整

西湖龙井茶样

西湖龙井茶是产于浙江省杭州市西湖区一带的扁形炒青绿茶。西湖区产茶历史悠久，早在唐代陆羽的《茶经》中就曾记载天竺、灵隐两寺产茶。明代的《嘉靖通志》中载："杭郡诸茶，总不及龙井之产，而雨前取一旗一枪，尤为珍品。"

西湖龙井外形光亮、扁直，色翠略黄似糙米色，滋味甘鲜醇和，香气幽雅清高，汤色碧绿黄滢，叶底细嫩成朵，以"色绿、香郁、味醇、形美"的"四绝"著称于世。

西湖龙井以采摘细嫩而闻名，按产期先后及芽叶嫩老分为"莲心、雀舌、极品、明前、雨前、头春、二春、长大"八级。高档西湖龙井在清明前采摘，只采单芽和一芽一叶的初展，芽长于叶的鲜叶；中档西湖龙井在谷雨前采摘，只采一芽一叶半开展或开展，以及一芽二叶初展；低档西湖龙井在谷雨后采摘，只采一芽二叶、一芽三叶和同等嫩度的对夹叶。鲜叶采回后，首先需要摊放，其目的是使茶散发青草气，增进茶香，减少苦涩味，增加氨基酸含量，提高鲜爽度；还可以使炒制后的龙井茶外形光洁，色泽翠绿，不结团块，提高茶叶品质。经过摊放的鲜叶需要进行筛分，分成大、中、小三档，分别进行炒制。只有这样，

不同档次的原料采用不同锅温、不同手势来炒制，才能恰到好处。

冲泡好的西湖龙井

历史上的龙井茶分为五个品类，分别是龙井村狮峰一带所产的“狮”字号龙井，龙井、翁家山一带所产的“龙”字号龙井，云栖一带所产的“云”字号龙井，梅家坞一带所产的“梅”字号龙井，以及虎跑、四眼井一带所产的“虎”字号龙井。后来又调整为狮峰龙井、梅坞龙井和西湖龙井三个品类，其中，狮峰龙井是龙井茶中的上品，香气高锐而持久，滋味鲜醇，色泽略黄，俗称“糙米色”；梅坞龙井品质略次于狮峰龙井，外形挺秀，扁平光滑，色泽翠绿；西湖龙井外形扁平挺秀，色泽翠绿。如今，这三个品类归并为“西湖龙井”。

“龙井问茶”石碑

“龙井问茶”是新西湖十景之一。西湖西面竹茂林密的风篁岭上，有泉名龙井，附近有龙井村，西湖龙井茶主要产在龙井村一带。据说龙井茶中的奥妙，唯有亲去龙井村品茗问茶方可悟出，因此就有了“龙井问茶”的趣说。

洞庭碧螺春

类型：炒青绿茶
外观：通常为一芽一叶，茶叶总长度为 1.5 厘米，条索纤细，卷曲成螺形，带有白色绒毛
茶香：有特殊浓烈的芳香，并带有花果香味
汤色：嫩绿、清澈，柔亮、鲜艳
滋味：鲜醇幽香，回味甘厚
叶底：幼嫩，均匀明亮

碧螺春茶样

碧螺春也称“吓煞人香”，是产于太湖洞庭东西山一带的螺形炒青绿茶。宋代朱长文的《吴郡图经续记》云：“洞庭山出美茶，旧入为贡。”清代王应奎的《柳南续笔》记述：“洞庭东山碧螺峰石壁，产野茶数株。每岁土人持竹筐采归，以供日用，历数十年如此，未见其异也。康熙某年，按候以采，而其叶较多，筐不胜

碧螺春的采摘

贮，因置怀间。茶得热气，异香忽发，采茶者争呼‘吓煞人香’。”清康熙年间，康熙皇帝品尝了这种汤色碧绿、卷曲如螺的名茶，倍加赞赏，但觉得“吓煞人香”其名不雅，于是题名“碧螺春”，从此成为年年进贡的贡茶。

碧螺春是在每年春分至谷雨时节采摘初展的一芽一叶，经摊青、杀青、炒揉、搓团、焙干而制成。其条索纤细，卷曲成螺，茸毫密披，银绿隐翠，清香鲜醇，汤绿清明，叶底柔嫩，素有“一嫩三鲜”之称。

冲泡好的碧螺春茶

碧螺春茶园

顾渚紫笋

类型：半烘半炒型绿茶

外观：外形紧结完整，色泽翠绿，银毫明显

茶香：清香扑鼻，隐隐有竹叶的香气

汤色：清澈明亮

滋味：甘鲜清爽，回味甘甜，沁人心脾

叶底：细嫩成朵

顾渚紫笋茶样

顾渚紫笋也称“湖州紫笋”，产于浙江省长兴县的顾渚山区，属于半烘半炒型绿茶，因其鲜茶芽叶微紫，嫩叶背卷似笋壳而得名。在中国历史上，顾渚紫笋是著名的上品贡茶。唐代“茶圣”

顾渚山皇家贡茶院遗址

这座皇家贡茶院始建于唐代大历五年（770），是目前已知的历史上第一座皇家贡茶院，为烘焙加工贡品顾渚紫笋茶而建。

陆羽在《茶经 · 一之源》中说，“阳崖阴林，紫者上，绿者次，笋者上，芽者次”，一语道出“紫笋”乃是茶中上品。唐朝代宗皇帝曾于广德年间（763 ~ 764）就命长兴县进贡紫笋茶做成的饼茶，直到明洪武八年（1375）此贡茶被“革罢”，前后延续了六百多年。

顾渚紫笋茶是每年于清明节前至谷雨期间采摘初展的一芽一叶或一芽二叶，经过摊青、杀青、理条、摊凉、初烘、复烘等工序制成。极品的顾渚紫笋茶叶片相抱，形似竹笋，上等的茶嫩叶稍展，形似兰花，色泽绿翠，银毫明显，滋味更是甘醇可口，汤色清澈，叶底细嫩成朵。

冲泡好的顾渚紫笋茶

金山翠芽

类型：炒青绿茶
外观：叶形扁平、挺削、匀整，颜色翠绿显毫
茶香：嫩香
汤色：嫩绿明亮
滋味：鲜美醇厚
叶底：嫩绿肥壮

金山翠芽茶样

金山翠芽是产于江苏省镇江郊区和丹徒、句容等地的扁形炒青绿茶。每年清明、谷雨间采一芽一叶初展鲜叶，薄摊在竹匾内置于阴凉通风处，经过三小时左右的摊放后，方可进行炒制。炒制工艺分初炒、摊凉、复炒三道工序。采用手工炒制，锅内进行，手法多样，灵活运用，一气呵成。

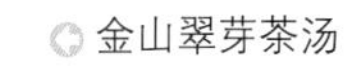

金山翠芽茶汤

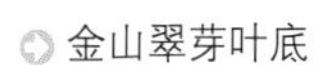

金山翠芽叶底

金奖惠明

类型：炒青绿茶
外观：肥壮而略扁，条索饱满，色泽翠绿光润，银毫显露
茶香：带有兰花及水果香气
汤色：清澈明绿
滋味：鲜爽醇和
叶底：细嫩完整、嫩绿明亮

金奖惠明茶样

金奖惠明也称“惠明茶”，是产于浙江省景宁畲族自治县赤木山惠明寺一带的炒青绿茶。出产惠明茶的茶园多在海拔 600 米左右的山坡上，土质肥沃，雨量充沛，云雾缭绕，茶树生长环境得天独厚，所产茶叶品质特佳。

惠明茶的种植历史非常悠久。据《景宁县志》记载，唐大中年间（847 ~ 859），景宁已种植茶树。咸通二年（861），一位法号惠明的和尚于南泉山（今鹤溪镇惠明寺村）建寺，并在寺的周围栽植茶树，由于所产茶叶品质优异，被称为“惠明茶”，迄今已有 1100 余年的历史。1915 年，由惠明寺村畲族妇女雷陈女炒制的惠明茶，被送到美国旧金山举行的巴拿马万国博览会上，因其品质特优，被认定为茶中珍品，荣获金质奖章和一等证书。“金奖惠明”的名称由此而来。

惠明茶是由采摘的鲜叶经杀青、揉捻、烘焙、炒干而制成，有人很形象地称赞惠明茶的冲泡为“一杯淡，两杯鲜，三杯甘醇，四杯韵犹存”。

天目青顶

类型：半烘半炒型绿茶
外观：紧结略扁，形似雀舌，叶质肥厚，银毫显著，色泽深绿，油润有光
茶香：清高持久
汤色：清澈明净
滋味：甘爽鲜醇
叶底：浅绿匀嫩

天目青顶茶样

天目青顶也称“天目云雾”或“东坑茶”，是产于浙江省临安县东天目山的东坑、杨岭一带的半炒半烘型绿茶。天目青顶茶的产地在海拔1500米左右，是中国最著名的古老茶区之一。陆羽的忘年之交、著名诗僧皎然曾在茶诗中对天目山所产茶叶的采摘、焙制、烹煮、品茗等作了描述。由此可见，早在1200多年前的唐代中叶，天目山茶已是闻名于世的上品名茶了。明代屠隆的《考盘余事》，更是将天目青顶列为最著名的六种名茶之一。

天目青顶茶的采摘与制作工艺非常精细，是由鲜叶经杀青、揉捻、炒二青、烘干等工序制成，茶叶挺直成条而略扁，形似雀舌，叶质肥厚，色泽绿润且清香持久，滋味鲜爽。

天目青顶茶汤

安吉白茶

类型：烘青绿茶
外观：扁平挺直，细秀匀整，一叶包一芽，形如凤羽；颜色翠绿鲜活，略带金黄色
茶香：清高
汤色：鹅黄、清澈
滋味：滋味鲜爽绵甜，回甘明显，苦涩不显
叶底：翠绿透明，匀整成朵

安吉白茶茶样

安吉白茶名为白茶，实为绿茶，是白叶茶按照绿茶的加工方法制作而成的，产于浙江省天目山北麓安吉的山河、山川、章村一带。

安吉白茶是一种珍稀罕见的变异茶种，茶树产“白茶”时间很短，通常仅一个月左右。以原产地浙江安吉为例，春季，因叶绿素缺失，在清明前萌发的嫩芽为白色；在谷雨前，色渐深，多数呈玉白色；谷雨后至夏至前，芽叶逐渐转为白绿相间的花叶；至夏，芽叶恢复为全绿，与一般绿茶无异。正因为神奇的安吉白茶是在特定的白化期内采摘、加工和制作的，所以茶叶经冲泡后，其叶底也呈现玉白色，这是安吉白茶特有的性状。

安吉白茶茶汤

安吉白茶叶底

雁荡毛峰

类型：烘青绿茶
外观：秀长紧结，茶质细嫩，色泽翠绿，芽毫隐藏
茶香：高雅浓郁
汤色：浅绿明净
滋味：甘醇鲜爽，异香满口
叶底：芽叶成朵

雁荡毛峰茶样

雁荡毛峰又称“雁山茶”、“雁茗”，是产于浙江省乐清雁荡山的一种烘青绿茶。雁荡山在晋代就开始种植茶树，到了北宋以后开始大面积种植，元代汤显祖的《雁荡山多姓院偶书所见》曾这样形容雁山茶：“一雨雁山茶，空此驻云霞。”明代，雁茗被列为贡品，为“雁山五珍”之一。清光绪年间，雁茗名声更胜，据《瓯江逸志》载，“瓯地茶，雁山为第一”。

雁荡毛峰是由采摘的一芽一叶或一芽二叶，经杀青、轻揉、初烘、复烘等工序制成。成茶秀长紧结，茶质细嫩，色泽翠绿，芽毫隐藏。冲泡后的雁荡毛峰茶茶叶浮于汤面不易下沉，观之别具茶趣，而且有“一饮加三闻”之说，一闻浓香扑鼻，再闻香气芬芳，三闻茶香犹存。此外，雁荡毛峰很耐贮藏，有“三年不败黄金芽”之誉。

雁荡毛峰茶汤

黄山毛峰

类型：烘青绿茶
外观：条索细扁，形似雀舌，芽肥壮、匀齐、多毫，色泽翠绿泛微黄，油润光亮
茶香：清高持久，带有兰花香、板栗香等
汤色：浅绿或黄绿，清澈明亮
滋味：鲜爽醇厚，回味甘甜
叶底：嫩绿匀整，肥壮成朵

黄山毛峰茶样

冲泡好的黄山毛峰

黄山毛峰是产于安徽省黄山市黄山风景区和毗邻的汤口、充川、冈村、芳村、杨村、长潭一带的条形烘青绿茶。黄山地区自古以来就是重要的茶叶产区，《徽州府志》记载："黄山产茶始于宋之嘉祐，兴于明之隆庆。"又据《徽州商会资料》记载，黄山毛峰起源于清光绪年间，当时有位歙县茶商谢正安开办了"谢裕泰"茶行，为了迎合市场需求，他于清明前后亲自率人到黄山充川、汤口等高山名园选采肥嫩芽叶，经过精细炒焙，创制了风味俱佳的优质茶。由于该茶白毫披身，芽尖似峰，取名"毛峰"，后冠以地名为"黄山毛峰"。

黄山毛峰在每年清明至谷雨前采制，以一芽一叶初展为标准，当地称为"麻雀嘴稍开"。为保证芽叶的质量和鲜嫩，要求上午

采的鲜叶下午制，下午采的鲜叶当夜制。鲜叶采回后先进行挑拣，确保芽叶的匀整，然后将不同嫩度的鲜叶分开摊放，散掉部分水分。具体的制作工艺流程是杀青、揉捻、烘焙三个步骤。

黄山毛峰分为特级、一级、二级和三级，其中以特级黄山毛峰品质最为优秀，茶叶形似雀舌，匀齐壮实，峰显毫露，色如象牙，鱼叶金黄；清香高长，汤色清澈，滋味鲜浓、醇厚、甘甜，叶底嫩黄，肥壮成朵。其中“金黄片”和“象牙色”这两大特征是其他毛峰茶所不具备的。

黄山毛峰生长的茶山

屯绿

类型：炒青绿茶
外观：条索紧结，匀整壮实，色泽灰绿光润
茶香：蕴含花香或熟板栗香
汤色：嫩黄清明
滋味：浓厚甘醇，先稍带苦味，然后回甘
叶底：嫩绿匀整，肥壮成朵

屯绿茶样

屯绿是屯溪绿茶的简称，外形以长条形为主，因形状如眉，又叫"眉茶"。其集中产区在黄山脚下的休宁、歙县、宁国、绩溪四县，以及祁门里的东乡等地，因历史上集中在屯溪地区加工输出，故名"屯绿"。屯绿的生产历史十分悠久，在明万历年间，徽州一带就有四家茶号制作屯绿茶外销。到了清道光年间，屯绿茶的精制技术日趋完善。

屯绿采制精细，鲜叶原料多为一芽二叶或三叶嫩梢，炒制方法是将鲜嫩芽叶进行杀青、揉捻以后，在茶锅里炒制成茶。屯绿成品茶条索紧结，匀整壮实，色泽灰绿光润，香气蕴含花香或熟板栗香；汤色嫩黄清明，滋味浓厚甘醇，先稍带苦味，然后回甘。

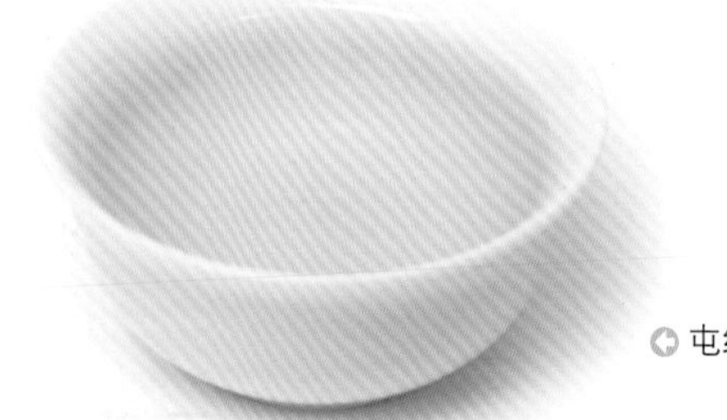

屯绿茶汤

六安瓜片

类型：炒青绿茶

外观：形似瓜子，卷顺自然，铁青（深青）色透翠

茶香：清香透鼻，有熟板栗香

汤色：清汤透绿

滋味：微苦、清凉，带有丝丝甜味

叶底：匀称整齐，片片叠加，
呈青色或深青色

六安瓜片茶样

六安瓜片是产于安徽省六安、金寨、霍山三市县响洪甸水库周围的片形烘青绿茶，是我国历史上的十大名茶之一。在唐代陆羽的《茶经》中，就有“庐州六安”的记载。明代科学家徐光启在《农政全书》里称，“六安州之片茶，为茶之极品”。明代李东阳、萧显、李士实三位名士在《咏六安茶》中曾说，“七碗清风自六安”“陆羽旧经遗上品”，予六安瓜片以很高的评价。到了清代，六安瓜片被列为贡品，慈禧太后曾“月奉十四两”。

六安瓜片于每年的谷雨至立夏之间采摘，较其他高级茶迟半月时间。采摘标准以对夹二、三叶和一芽二、三叶为主。谷雨前提采的称“提片”，品质最优；其后采制的大宗产品称“瓜片”；进入梅雨季节，鲜叶粗老，品质较差，称“梅片”。

鲜叶采回后要及时掰片，老片嫩叶分开炒制，经生锅、熟锅、毛火、小火、老火五个工序，直到叶片白霜显露，色泽翠绿均匀，然后趁热密封储存。成茶呈瓜子形单片状，自然伸展，叶片微翘，色泽宝绿艳丽，大小匀整，清香高爽，滋味鲜醇。

六安瓜片在我国名茶中独树一帜，技术独到，其产制历史虽不足百年，但就生产规模和技术精熟程度而言，许多名茶都无法与之相比。

冲泡好的六安瓜片

六安瓜片叶底

都匀毛尖

类型：炒青绿茶
外观：外形匀整，色泽翠绿带黄，白毫显露
茶香：清香高雅
汤色：清澈黄绿
滋味：浓郁鲜爽
叶底：匀整明亮

都匀毛尖茶样

都匀毛尖也称“鱼钩茶”、“细毛尖”，是产于贵州省都匀茶场的卷曲形炒青绿茶。都匀毛尖的产地山谷起伏，海拔达千米，峡谷溪流，林木苍郁，云雾笼罩，冬无严寒，夏无酷暑，四季宜人，加之土层深厚，土壤疏松湿润，土质显酸性或微酸性，内含大量的铁质和磷酸盐，这些特殊的自然条件形成了都匀毛尖的独特风格。早在明代，御史张鹤楼来都匀茶山游览，就曾写下赞美的诗句：“云钻山头，远看青云密布。茶香蝶舞，似为翠竹苍松。”18 世纪末，都匀茶已经被大面积生产并销往海外。

都匀毛尖茶于每年清明前后开采，采摘一芽一叶初展的鲜叶，经杀青、锅揉、做形、焙干等工序制作而成。成茶外形匀整，色泽翠绿，白毫显露，滋味浓爽，汤色清澈，叶底明亮。有人将其总结为“三绿透黄色”，即干茶色泽绿中带黄，汤色绿中透黄，叶底绿中显黄。

普陀佛茶

类型：半烘半炒型绿茶
外观：茶叶紧细，卷曲呈螺状，色泽绿润显毫
茶香：清香高雅
汤色：黄绿明亮
滋味：鲜美浓郁
叶底：芽叶成朵

普陀佛茶茶样

普陀佛茶又称“普陀白华顶茶”或“普陀云雾茶”，是产于浙江省舟山市普陀山园林处茶场的一种半烘半炒型绿茶。普陀山是中国四大佛教名山之一，地处浙江省舟山群岛。普陀山的顶峰佛顶山属于温带海洋性气候，冬暖夏凉，四季湿润，土地肥沃，林木茂盛，为茶树的生长提供了十分优越的环境。早在唐代的时候普陀山就开始种植茶树，当时佛教正在中国兴盛起来。寺院普遍提倡僧人种茶、制茶，并以茶来供佛和敬客，故称“佛茶”。到了清代康熙、雍正年间，据《普陀洛迦山志》记载：“白华顶后之茶山之茶与莲同为贡品。”

普陀佛茶在每年清明节后三到五天开始采摘，标准为一芽一叶或一芽二叶，经杀青、揉捻、搓团提毫、干燥制作而成，茶芽细嫩，白毫显露，清香袭人，味道鲜爽，汤色明亮，芽叶成朵。

普陀佛茶叶底

太平猴魁

类型：炒青绿茶
外观：扁平挺直，魁伟重实，两叶一芽，自然舒展，白毫隐伏，色泽苍绿匀润
茶香：高爽持久，具有兰花香，三四泡后犹有幽香
汤色：杏绿清亮
滋味：味鲜爽醇厚，回味甘甜，有独特的“猴韵”
叶底：嫩匀肥壮，有若含苞欲放的白兰花，色泽嫩黄、绿而明亮

太平猴魁茶样

太平猴魁是我国历史上的十大名茶之一，产于安徽省黄山市北麓黄山区（原太平县）的新明、龙门、三口一带，主产区位于新明乡三门村的猴坑、猴岗、颜家。其中尤以猴坑高山茶园所采制的尖茶品质最优。

太平猴魁于每年的谷雨开园，立夏前停采，采摘的时间较短，只有 15 ~ 20 天时间。采摘标准为一芽三叶初展，还要做到“四拣八不采”。“四拣”即一拣坐北朝南、阴山云雾笼罩的茶山上的茶叶，二拣生长旺盛的茶树，三拣粗壮、挺直的嫩枝采摘，四拣

太平猴魁叶底

肥大多毫的茶叶；“八不采”即一不采无芽，二不采小，三不采大，四不采瘦，五不采弯弱，六不采虫食，七不采色淡，八不采紫芽。将采摘来的一芽三、四叶从第二叶茎部折断，所留下的一芽二叶（第二叶开面）俗称“尖头”，为制猴魁的上好原料。再经杀青、毛烘、足烘、复焙四道工序，猴魁就制作而成了。

太平猴魁的每朵茶都是两叶抱一芽，平扁挺直，不散、不翘、不曲，俗称“两刀一枪”，素有“猴魁两头尖，不散不翘不卷边”之称。叶色苍绿匀润，叶脉绿中隐红，俗称“红丝线”。其成品茶挺直，两端略尖，扁平匀整，肥厚壮实，色泽苍绿，茶汤清绿，香气高爽，味醇爽口。

冲泡好的太平猴魁

休宁松萝

类型：炒青绿茶
外观：条索紧卷匀壮，色泽绿润
茶香：高爽持久
汤色：嫩绿清亮
滋味：浓厚，带有橄榄香味
叶底：绿嫩

休宁松萝茶样

休宁松萝是产于安徽省休宁城北松萝山一带的条形炒青绿茶。此茶属于历史名茶，创制于明代隆庆年间（1567~1572），明代沈周的《书芥茶别论后》中就有“新安之松萝”的记载。

松萝茶的品质特点是，条索紧卷匀壮，色泽绿润，香气高爽，滋味浓厚，带有橄榄香味，汤色绿明，叶底绿嫩，饮后令人神驰心怡，古人有“松萝香气盖龙井”的赞誉。松萝茶区别于其他名茶的显著特点是“三重”：色重、香重、味重，也就是色绿、香高、味浓。松萝茶还具有较高的药用价值，有“药茶”之称，很多的古医书中多有记载。《本经逢源》中就载：“徽州松萝，专于化食。”

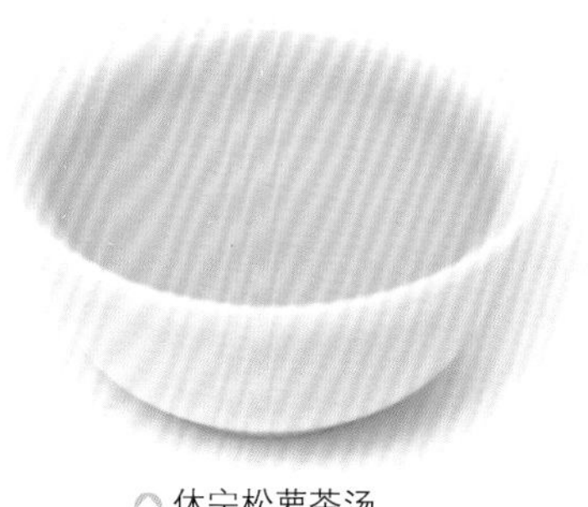

休宁松萝茶汤

休宁松萝叶底

老竹大方

类型：炒青绿茶
外观：扁平匀齐，挺秀光滑，色绿微黄，满披隐毫
茶香：高爽，有板栗香
汤色：微黄清亮
滋味：醇厚爽口
叶底：嫩匀，芽叶肥壮

老竹大方茶样

老竹大方也称“竹叶大方”，是产于安徽省歙县东北部皖浙边境的昱岭关一带的扁条形炒青绿茶。其中以老竹岭和福泉山所产的“顶谷大方”为最优。1937 年的《歙县志》中有记载，此茶由僧人大方于徽州老竹岭上的大方山创制而成，故名“老竹大方”。

老竹大方对鲜叶采摘要求不十分严格，以一芽二叶和一芽三叶为主，经杀青、揉捻、做坯、拷扁、辉锅等工序制作而成。外形扁平匀齐，挺秀光滑，色绿微黄，满披隐毫。汤色微黄，香气高长，有板栗香，滋味醇厚爽口。

老竹大方茶汤

老竹大方叶底

涌溪火青

类型：炒青绿茶
外观：颗粒圆实，紧结重实，色泽墨绿，油润显毫
茶香：浓鲜持久
汤色：黄绿明亮
滋味：醇厚甘爽，经久耐泡
叶底：嫩黄成朵

涌溪火青茶样

涌溪火青是产于安徽省泾县东南的黄山一带的腰圆形炒青绿茶。据考证，涌溪火青起源于明朝。清嘉庆十一年（1806）的《泾县志》上记载："由磨盘山南趋至涌溪山，广袤三十余里，多产美茶。"可见三百多年前，涌溪茶就相当有名了。清咸丰年间（1851～1861），涌溪火青年产量有百余担，是此茶生产的最盛时期。

用于制作涌溪火青的鲜叶采自于一种罕见的白茶变异品种——涌溪柳叶种茶树。这种茶树常年与山花为邻，叶如碧玉，味似花香。涌溪火青是由每年的清明到谷雨之间采摘的鲜叶一芽二叶，经过拣剔、杀青、揉捻、炒干、做形、筛选等工序精制而成，成品颗粒圆实，紧结重实，色泽墨绿，油润显毫；香气浓郁，鲜爽持久；滋味醇厚，汤色黄绿，叶底嫩黄。冲泡时茶叶在杯中舒展，宛如花苞初放，枝枝竖立于水中，颇有观赏趣味，在众多绿茶中独树一帜。

敬亭绿雪

类型：炒青绿茶
外观：形如雀舌，挺直饱满，全身白毫，色泽翠绿
茶香：鲜爽浓郁
汤色：绿亮明净
滋味：香郁甘甜，连续冲泡两三次香味不减
叶底：嫩绿成朵

敬亭绿雪茶样

敬亭绿雪是产于安徽省宣城敬亭山的直条形炒青绿茶。此茶创制于明代，康熙年间（1662 ~ 1722），宣城（今宣州市）诗人施闰章饮敬亭绿雪后即作诗《敬亭采茶》来赞美此茶："馥馥如花乳，湛湛如云液……枝枝经手摘，贵真不贵多。"光绪十四年(1888),《宣城县志》上曾记载:"敬亭绿雪茶,最为高品。""明、清之间,每年进贡300斤。"说明此茶也曾经作为贡品上贡。

敬亭绿雪于每年清明至谷雨间采摘一芽一叶初展的嫩叶，经杀青、做形、烘焙等工序制成。成品茶叶形如雀舌，挺直饱满，全身白毫，色泽翠绿；冲泡后汤清色碧，白毫翻滚，如雪茶飞舞；香气鲜浓，滋味醇和。

敬亭绿雪茶汤

九华毛峰

类型：烘青绿茶
外观：条索紧结匀整，旗枪紧裹，色泽翠绿，白毫显露
茶香：清醇高爽
汤色：黄绿明澈
滋味：甘醇回甜
叶底：鲜嫩厚实

九华毛峰茶样

九华毛峰又名“九华佛茶”，是产于安徽省青阳九华山的直条形烘青绿茶。

九华山是中国四大佛教名山之一，其开创者为新罗僧人金乔觉，世称“金地藏”。他于唐开元末年（约719）渡海来华，在九华山中苦行修持，弘扬佛法。他还从新罗带来茶种，在九华山种植、繁衍。随着九华山佛教文化的发展，山上各大寺院都有各自的庄田，寺院的僧尼在佛事之余，从事农业生产，种茶也是其中一项重要工作，山中所产茶叶用于供佛和待客。茶与佛事互相促进，

九华毛峰茶汤

九华毛峰叶底

香客品茶能领悟禅机、参悟佛理，僧尼参禅可饮茶以提神，有助清修。所以九华毛峰又被称为“佛茶”。

九华毛峰主产于九华山上的九华镇，这里地势是燕窝形盆地，雨量充沛，气候温和湿润，森林覆盖面积大。茶园分布于峻岭之中，沐浴云雾露霖，为茶树优良品质的形成提供了良好的自然条件。九华毛峰开采于清明与谷雨之间，采摘初展的一芽二叶，现采现制，经杀青、揉捻、烘焙等工序而制成。其成茶外形条索稍曲，绿润微黄，香气高长，滋味鲜醇回甘，冲泡杯中，宛若兰花曼舞，别有一番情趣。

九华山佛寺中喝茶的僧侣们（图片提供：FOTOE）

信阳毛尖

类型：烘青绿茶
外观：细秀匀直，色泽翠绿，白毫遍布
茶香：香高持久，有兰花香
汤色：明亮清澈
滋味：浓醇有回甘
叶底：嫩绿明亮，匀齐

信阳毛尖茶样

信阳毛尖也称“豫毛峰”，是产于河南省信阳西南山一带的针形烘青绿茶，是历史悠久的中国名茶之一。早在唐代，陆羽的《茶经》就把信阳县划归茶区“八道”之一的“淮南道”。宋代文学家苏轼尝遍天下名茶，曾称赞道：“淮南茶，信阳第一。”此茶在清代就被列为贡品。

信阳毛尖采摘自一芽一、二叶，经摊青、生锅、熟锅、初烘、摊晾、复烘制作而成。根据采摘时间的不同，其名称也不同：谷雨前的优质茶被称为“雪芽”；谷雨后的被称为“翠峰”；再往后的称“翠绿”。信阳毛尖成茶外形细、圆、光、直，色泽翠绿，白毫遍布，有兰花香且香高持久；滋味浓醇，汤色明亮清澈，叶底嫩绿明亮、匀齐。

信阳毛尖茶汤

金坛雀舌

类型：炒青绿茶
外观：条索匀整，扁平挺直，状如雀舌，色泽绿润
茶香：清高
汤色：嫩绿明亮
滋味：鲜醇爽口
叶底：嫩匀成朵

金坛雀舌茶样

金坛雀舌是产于江苏省西部金坛市的方山、茅山东麓丘陵山区的扁形炒青绿茶，以其形如雀舌而得名。金坛产茶历史悠久，1923年《金坛县志》记载："茶叶，出郁冈山者佳，出方山者尤佳。"1982年，金坛茶人在总结传统名茶采制经验的基础上研制成金坛雀舌茶，曾在多次名茶评比会中获奖。金坛雀舌于每年谷雨前采摘初展的一芽一叶，经摊放、杀青、整形、焙干等工序制成。金坛雀舌成茶条索匀整，状如雀舌，干茶色泽绿润，扁平挺直。冲泡后香气清高，滋味鲜爽，汤色明亮，叶底嫩匀成朵。

金坛雀舌茶汤

金坛雀舌叶底

蒙顶甘露

类型：炒青绿茶
外观：紧卷多毫，嫩绿色润
茶香：香高而爽
汤色：黄中透绿，透明清亮
滋味：鲜醇甘爽
叶底：匀整，嫩绿鲜亮

蒙顶甘露茶样

蒙顶甘露是产于四川省蒙山的卷曲形炒青绿茶，始于西汉，是中国最古老的名茶。唐代诗人白居易曾在《琴茶》中写道："琴里知闻唯《渌水》，茶中故旧是蒙山。"蒙顶甘露茶作为贡茶的传统，一直延续到清朝，达千年之久。

蒙顶甘露茶是于春分时采摘一芽一叶初展，经摊放、杀青、揉捻、整形、提毫、烘焙、复火包装等工序制成。成茶的品质特征是：外形美观，叶整芽全，紧卷多毫，嫩绿色润，内质香高而爽，味醇而甘，汤色黄中透绿，透明清亮，叶底匀整，嫩绿鲜亮。

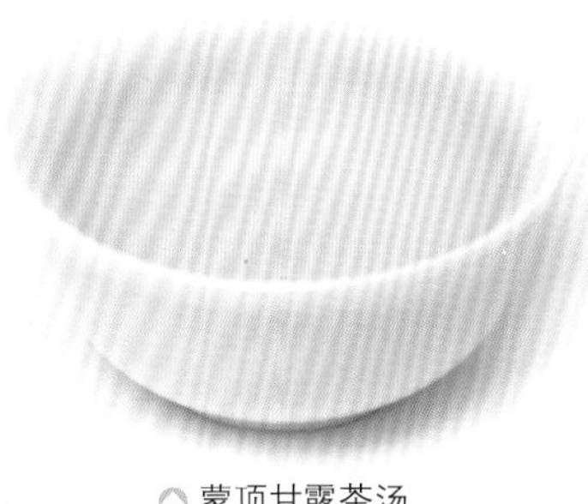

蒙顶甘露茶汤

蒙顶甘露叶底

竹叶青

类型：炒青绿茶
外观：茶叶扁直，两头尖细，形似竹叶
茶香：高鲜
汤色：清澈明亮
滋味：鲜醇浓郁
叶底：嫩绿匀整

竹叶青茶样

竹叶青是产于四川省峨眉山市以及周边地区的扁形炒青绿茶，传说为峨眉山龙门峒僧人所创制。1964年，陈毅元帅来峨眉山，品尝过万年寺住持所泡之茶后连连称赞，问起茶名，住持说尚未取名，元帅观其外形如青竹叶，便取名“竹叶青”。

竹叶青鲜叶采摘自四川小叶种的一芽一、二叶初展，经摊放、杀青、做形、烘焙后，成茶就制作成功了。成茶外形扁直，两头尖细，形似竹叶，香气高鲜，滋味醇浓，汤色清明，叶底嫩绿。

竹叶青茶汤

竹叶青叶底

径山香茗

类型：烘青绿茶
外观：细嫩紧结显毫，色泽绿翠
茶香：有板栗香，清香持久
汤色：嫩绿明亮
滋味：甘醇爽口
叶底：嫩匀成朵

径山香茗茶样

径山香茗也称“径山茶”，是产于浙江省杭州市余杭区长景镇径山村的烘青绿茶。径山地区产茶的历史十分悠久，始于唐代，闻名于宋代。宋代学者叶清臣在他的《文集》中说：“钱塘、径山产茶质优异。”南宋时，日本佛教高僧圣一禅师、大应禅师渡海来到中国，曾在径山寺研究佛学，归国时带走了径山茶籽和茶具，并把“抹茶”法及茶宴礼仪传入了日本。

径山香茗的采制讲究嫩采早摘，以谷雨前采制的品质为佳。特级径山香茗的采摘标准为一芽一叶或一芽二叶初展，芽长于叶，制作分鲜叶摊放、小锅杀青、扇风摊晾、轻揉解块、初烘摊晾、文火烘干等工序。成茶外形细嫩紧结显毫，色泽绿翠，内质有独特的板栗香且香气清香持久，滋味甘醇爽口，汤色嫩绿明亮，叶底嫩匀成朵。

冲泡好的径山香茗

庐山云雾

类型：炒青绿茶
外观：芽壮叶肥，条索紧结饱满，翠绿光滑，白毫显露
茶香：清香高雅持久，幽香如兰
汤色：清澈明亮，如碧玉盛于杯中
滋味：醇厚浓郁，清香怡神
叶底：细嫩微黄，柔软齐匀

庐山云雾茶样

庐山云雾茶是中国历史上的十大名茶之一，产于江西省九江市境内的庐山，主要茶区分布在海拔800米以上的含鄱口、五老峰、汉阳峰、小天池、仙人洞等地，以五老峰与汉阳峰之间所产的茶品质最佳。此茶以“味醇、色秀、香馨、液清”而闻名，还可以帮助消化，杀菌解毒。

庐山云雾茶系我国十大名茶之一，始产于汉代，已有一千多年的栽种历史。据《庐山志》记载：“东汉时，……僧侣云集。攀危岩，冒飞泉。更采野茶以充饥渴。各寺于白云深处劈岩削谷，栽种茶树，焙制茶叶，名云雾茶。”唐朝大诗人白居易曾在庐山香炉峰建草堂居住，亲自开辟茶园种茶，并留有茶诗数首。北宋时，庐山云雾茶曾被列为贡茶。清代学人李绂在《六过庐记》中写道：“山中皆种茶，循茶径而直下清溪。”可见当时庐山茶业之兴盛。

冲泡好的庐山云雾

出于气候条件的原因，云雾茶比其他茶的采摘时间晚一些，一般在谷雨之后至立夏之间开园采摘。采摘标准为一芽一叶初展，长度不超过 5 厘米，采后摊于阴凉通风处，放置 4~5 小时后始进行炒制。经杀青、抖散、揉捻、理条、搓条、提毫、烘干、拣剔等工序后，云雾茶就精制成功了。成茶的品质特点为芽壮叶肥，白毫显露，色泽翠绿，幽香如兰，滋味深厚，鲜爽甘醇，经久耐泡，汤色明亮，饮后回味香绵。

庐山云雾叶底

庐山云雾的传说

传说从前的庐山五老峰下有一个宿云庵，住持和尚憨宗以种野茶为业，在山脚下开了一大片茶园。有一年四月，忽然冰冻三尺，茶树几乎全被冻死。当地官府派衙役来找憨宗，硬是要买茶叶。这样天寒地冻，园里哪有茶叶呢？憨宗向衙役百般哀求无效，只好连夜逃走。九江名士廖雨为憨宗打抱不平，在九江街头到处张贴冤状，控诉官府的横暴无理。官府不但不理睬，衙役们更是肆无忌惮，每天深夜把四周老百姓都喊起来，赶上山，逼着他们采摘茶叶，竟把憨宗的一园茶叶，连初萌未展的茶芽都一扫而空。憨宗和尚的满腔苦衷感动了上天，一天，从五老峰巅忽然飞来红嘴蓝雀、黄莺、杜鹃、画眉等珍禽异鸟，唱着婉转的歌，不断撷取茶园中隔年散落的一点点茶籽。只见鸟儿们把茶籽衔在嘴里，飞到云雾中，再将茶籽散落在五老峰的岩隙中，这样，山峰上很快长起一片翠绿的茶树。不久，采茶的季节到了。那些珍禽异鸟又从云中飞过来，飞到山峰上的云雾中采茶。憨宗和尚将这些鲜叶经过精心揉捻，炒制成茶，就是“云雾茶”。

红茶

红茶是六大基本茶类中发酵最深的一类茶，也是我国主要的出口茶类之一。全发酵的制作工艺形成了红茶“红汤红叶”的品质特点，其最名优的品种有正山小种红茶、宁红功夫红茶及小颗粒型的红碎茶等。

认识红茶

红茶属全发酵茶，因其干茶色泽和冲泡的茶汤以红色为主，故得名。红茶富含咖啡因，特别适合肠胃较弱的人饮用，尤其是小叶种红茶，滋味甜醇，无刺激性。如果选择大叶种红茶，茶味较浓，可以在茶汤中加入牛奶和红糖，有暖胃和增加能量的作用。

红茶一般分为三种：小种红茶、功夫红茶、红碎茶（切细红茶）。目前我国以生产功夫红茶为主，小种红茶和红碎茶的数量较少。

1. 小种红茶

小种红茶属于烟熏红茶，是福建省的特产，有正山小种和外山小种之分。正山小种产于福建武夷山市星村镇桐木关一带，也称“桐木关小种”。而福建政和、坦洋、古田、沙县等地所产的仿正山品质的小种红茶，统称“外山小种”。正山小种红茶，条索肥壮，紧结圆直，色泽褐红润泽；汤色深红而亮度不够；香气高爽，有纯松烟味香；滋味浓而爽口，活泼甘甜，似桂圆汤味。

2. 功夫红茶

功夫红茶是我国特有的红茶品种，是由小种红茶演变而来，因其制作工艺精细而得名。功夫红茶按其品种的不同可分为大叶功夫茶和小叶功夫茶。大叶功夫茶是以乔木或半乔木茶树鲜叶制成；小叶功夫茶是以灌木型小叶种茶树鲜叶为原料制成的。功夫红茶条索紧细匀直，色泽黑褐润泽；汤色红艳明亮；香气高锐、持久、具有甜香；滋味醇厚甜爽。功夫红茶的主要品种有祁红、滇红、闽红、苏红、川红、宁红等。

3. 红碎茶

红碎茶是19世纪末国外兴起的分级红茶。碎茶外形颗粒紧细，片茶呈皱褐状，末茶呈沙粒状，叶茶条索紧卷。干茶颜色都要求乌润，香气清高忌甜香，汤色红艳，滋味浓厚、鲜爽，刺激性强。红碎茶按制法的不同，可分为传统制法和非传统制法两类。各类制法的产品的品质风格各异，但红碎茶的花色分类及各类的外形规格基本一致。

红碎茶

锡兰红茶

锡兰红茶与印度大吉岭红茶、阿萨姆红茶、中国祁门红茶并称为“世界四大红茶”，其种植地位于斯里兰卡的中央高地和南部低地，风味强劲，口感浑重，适合泡煮香浓的奶茶。

红茶的品饮		
调味方式	清饮法	直接用热水冲泡红茶，且不在茶汤中加任何的调味品，这种饮用方法品尝的是红茶特有的香味。我国绝大部分地区采用此方法。
	调饮法	用热水冲泡红茶后，在茶汤中加入各式调味料，以佐汤味。常见的调味料有白糖、牛奶、柠檬片、咖啡、蜂蜜和香槟酒等。
茶汤浸出方式	冲泡法	将红散茶或袋装红茶放入茶杯或茶壶中，然后冲入沸水，静置几分钟待茶叶内含物溶于水中，便可饮用。
	煮饮法	将红散茶或袋装红茶放入茶壶中，加入适量的清水煮沸，然后将牛奶、糖放入其中，最后把调和好的茶汤倒入杯中即可饮用。

清饮法冲泡的红茶

调饮法冲泡的薄荷柠檬红茶

正山小种

外观：条索肥厚，条形较小，紧结圆直，不带任何芽毫，色泽乌黑油润

茶香：香气高长，带有浓郁的松烟香

汤色：红艳浓厚。

滋味：入口滋味醇厚，具有桂圆汤味

叶底：肥厚红亮

正山小种红茶茶样

正山小种红茶是最古老的一种红茶，于18世纪后期创制于福建省崇安（今武夷山市），可以说是世界红茶的鼻祖。这是一种经过熏制的红茶，以醇馥的烟香、桂圆汤和蜜枣味为其主要品质特色。早在17世纪，正山小种就远销欧洲，在当时被当做中国茶的象征。

一般正山小种的采摘时间只有每年的春夏两季，立夏开采，采摘具有一定成熟度的一芽二、三叶，经萎凋、揉捻、发酵、过红锅、复揉、熏焙、筛拣、复火、匀堆等传统工序进行加工。其中，“过红锅”是将发酵后的茶在200℃的平锅中拌炒两到三分钟，以去除茶叶中的青臭味和苦涩感，进一步提高茶的香气，这一步骤是正山小种有别于其他红茶的关键。而“熏焙”是用松针或松柴对茶叶进行烟熏焙干，这一步骤也是正山小种红茶所特有的制作工序，亦是形成松柏烟香的关键。

正山小种红茶茶汤

祁门红茶

外观：条索纤细匀整，锋苗秀丽，色泽乌黑润泽
茶香：带有蜜糖香和兰花香，香味持久
汤色：红艳明亮
滋味：鲜醇爽口，回味甘甜
叶底：柔嫩红亮

祁门红茶茶样

祁门红茶简称“祁红”，以“香高、味醇、形美、色艳”四绝闻名天下，主产于安徽省祁门县及毗邻的石台县、东至县、贵池市、黟县、黄山区等地，其中以祁门的历口、闪里、平里一带所产最优。祁门红茶既可清饮，也适于加奶加糖调和饮用。英国人爱喝祁红，称其为“群芳之最”。祁门红茶也是世界四大著名红茶之一。

祁门红茶于每年的春夏两季开始采摘。采摘一芽二、三叶的芽叶做原料，经过萎凋、揉捻、发酵，使芽叶由绿色变成紫铜红色，香气透发，然后进行文火烘焙至干。红毛茶制成后，还须经过工序繁复的精制，才能作为成品上市。祁门红茶成茶条索紧细，香气清新，色泽乌润，俗称“宝光”。其特有似兰花般的香气，被誉为“祁门香”，冲泡后的茶汤色泽红艳明亮，滋味甘鲜醇厚。

祁门红茶茶汤

滇红功夫茶

外观：条索紧直肥嫩，锋苗秀丽完整，金毫显著，乌黑油润
茶香：高锐持久
汤色：红浓透明
滋味：浓厚鲜爽
叶底：柔嫩、多芽、红匀明亮

滇红功夫茶茶样

滇红功夫茶属于大叶种类型的功夫红茶，产于云南省的临沧、保山、凤庆一带。1939 年，云南中国茶叶贸易公司利用云南大叶种茶鲜叶，在云南凤庆首先试制成功功夫红茶，当时命名“云红”。1940 年，该茶采纳香港富华公司建议改名“滇红”。滇红问世后，因“形美、色艳、香高、味浓”而赢得人们的喜爱。1986 年，云南省曾将凤庆滇红茶作为礼品赠送给来访的英国女王伊丽莎白二世，此后滇红特级功夫茶一直被国务院定为外交礼宾茶。

滇红功夫茶中，品质最优的是“滇红特级礼茶”，以一芽一叶为主制造而成，成品茶芽叶肥壮，苗锋秀丽完整，金毫显露，色泽乌黑油润，汤色红浓透明，滋味浓厚鲜爽，香气高醇持久，叶底红匀明亮。

滇红功夫茶叶底

滇红功夫茶茶汤

川红功夫茶

外观：细嫩显毫，色泽乌黑油润
茶香：带有独特的柑橘香
汤色：红艳明亮
滋味：鲜醇爽口
叶底：红嫩多芽

川红功夫茶茶样

川红功夫茶简称“川红”，是产于四川省宜宾、筠连、高县、珙县等地的一种功夫红茶，初创于 20 世纪 50 年代，以宜宾“早白尖”品种所制最有特色。川红自问世以来，在国际市场上享有较高声誉，堪称中国功夫红茶的后起之秀。川红成茶细嫩显毫，色泽乌黑油润，有特别的橘香味，冲泡后的汤色红艳明亮，滋味鲜醇爽口。

川红功夫茶茶汤

川红功夫茶叶底

宁红功夫茶

外观：条索紧实秀丽，苗锋圆紧，金毫显露，色泽乌黑润泽。
茶香：持久且带果香
汤色：红艳明亮
滋味：鲜爽醇厚
叶底：红嫩多芽

宁红功夫茶茶样

宁红功夫茶简称“宁红”，是我国最早的功夫红茶之一，产于江西省修水漫江乡一带。这里地势高峻，树木苍郁，雨量充沛，常年云雾缭绕，再加上土质富含腐殖质，深厚肥沃，为茶树的成长提供了优越的条件。远在唐代时，修水县就已盛产茶叶，生产红茶则始于清朝道光年间，到19世纪中叶，宁州功夫红茶已成为当时的著名红茶之一，而且畅销欧美，成为中国名茶。

宁红功夫茶于每年谷雨前开始采摘初展一芽一叶，其长度为3厘米左右，经萎凋、揉捻、发酵、干燥后初制成红毛茶；然后再以筛分、抖切、风选、拣剔、复火、匀堆等工序精制。特级宁红成品茶紧细多毫，锋苗显露，略显红筋，乌黑油润；鲜嫩浓郁，鲜醇甜和，汤色红艳，叶底红嫩多芽。

宁红功夫茶茶汤

宜红功夫茶

外观：条索紧细有毫，色泽乌润
茶香：甜香纯净
汤色：红艳明亮
滋味：鲜醇爽口
叶底：红亮

宜红功夫茶茶样

宜红功夫茶是产于湖北省鄂西山区的宜昌、恩施等地区的一种功夫红茶，问世于19世纪中叶的清咸丰年间，至今已有百余年历史。20世纪上半叶，宜红主销英国、俄国及西欧等国家和地区，品质稳定，声誉极高。宜红成茶条索紧细有毫，色泽乌润，香气甜纯，汤色红艳，滋味鲜醇，叶底红亮。高档茶的菜汤还会出现“冷后浑”现象，即茶汤冷却后出现浅褐色或橙色乳状浑浊的现象，这是优质红茶的象征之一。

宜红功夫茶茶汤

宜红功夫茶叶底

白琳功夫茶

外观：条索紧结纤秀，含有橙黄白毫
茶香：毫香鲜爽幽雅
汤色：红艳明亮
滋味：浓醇隽永
叶底：艳丽红亮

白琳功夫茶茶样

白琳功夫茶是福建红茶（“闽红”）的一种，因主产于福建省福鼎市中部的白琳镇而得名，与福建省福安县的“坦洋功夫”、政和县的“政和功夫”并列为“闽红三大功夫茶”而驰名中外。白琳功夫茶创制于清末，精选福鼎大白茶的细嫩芽叶，制成功夫红茶，条索紧结纤秀，含有大量的橙黄白毫，具有鲜爽愉快的毫香，汤色、叶底艳丽红亮，因此又名“橘红”，风格独特，在国际市场上很受欢迎。尤其是特级白琳功夫茶，它以其得天独厚的外形、幽雅馥郁的香气、浓醇隽永的滋味，被中外茶师誉为“秀丽皇后”。

白琳功夫茶茶汤

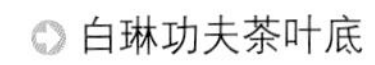

白琳功夫茶叶底

乌龙茶

乌龙茶也称“青茶”，属于半发酵茶，叶色“绿叶红镶边”、香气“如梅似兰”、汤色“透明琥珀色”是其最主要的品质特点。根据茶中多酚类氧化程度的不同，乌龙茶分为闽北乌龙、闽南乌龙、广东乌龙和台湾乌龙四大类。大红袍、铁观音等都是乌龙茶的杰出代表。

认识乌龙茶

乌龙茶是我国特有的茶叶品类之一，加工精细，综合了红茶、绿茶初制的工艺特点，成茶条索紧结，色泽墨绿，有光泽并有灰白点状的青蛙皮斑，冲泡后汤色橙黄明亮且香高持久，滋味浓醇鲜爽，品尝后齿颊留香。另外，乌龙茶还有美容降脂的作用，在日本被称为“美容茶”、“健美茶”。

乌龙茶的加工

乌龙茶一年四季均可采摘，即春茶、夏茶、秋茶和冬片。春茶在 4 月 20 日（谷雨）前后开始采摘，夏茶在 6 月 20 日（夏至）前后开始采摘，秋茶在 9 月 20 日（秋分）前后开始采摘，冬片在 10 月 20 日（霜降）前后开始采摘。采摘标准为：茶树新梢长

乌龙茶的手工拣选

（图片提供：全景正片）

到3～5叶将要成熟、顶叶六七成开面时，采下2～4叶，俗称“开面采”。

乌龙茶的制茶工序概括起来可分为：选青、萎凋、做青、炒青、揉捻、干燥，其中做青是形成乌龙茶特有品质特征的关键工序，是奠定乌龙茶香气和滋味的基础。

紫砂茶具冲泡的乌龙茶

选青，是选择适合制造乌龙茶的鲜叶。萎凋，是使选好的制茶鲜叶散发部分水分，提高叶子韧性，便于后续工序进行。常见的萎凋方法有晾青（室内自然萎凋）、晒青（日光萎凋）、烘青（加温萎凋）和人控条件萎凋四种。

做青，是乌龙茶制作的重要工序，乌龙茶特殊的香气和“绿叶红镶边”的显著特征就是在做青中形成的。炒青的目的是抑制鲜叶中的酶的活性，控制氧化进程，防止叶子继续红变，决定做青形成的品质，形成馥郁的茶香。同时通过湿热作用破坏鲜叶中的部分叶绿素，使叶片黄绿而亮。

揉捻的目的是将鲜叶揉破，破坏鲜叶的组织，让它变轻，然后将其弯曲紧结成条，便于冲泡。同时使部分茶汁附着在叶表面，对提高乌龙茶滋味的浓度也有重要的作用。

干燥是乌龙茶初制的最后一道工序。干燥可抑制酶性氧化，蒸发掉多余的水分，达到足干，便于贮藏，供长期饮用。上述多道工序，消除了乌龙茶的苦涩味，促进了滋味的醇厚，进一步形成了茶叶的形、色、香、味。

乌龙茶的分类

乌龙茶的种类因茶树品种的特异性而形成各自独特的风味，产地不同，品质差异十分明显。

四大产区	产区描述	代表品种
闽南	以福建省南部的安溪、永春、南安、同安等地为中心	铁观音、黄金桂、本山、毛蟹、白芽奇兰、永春佛手
闽北	又称“武夷岩茶”，以福建省北部的武夷山为中心	武夷大红袍、白鸡冠、水金龟、武夷肉桂
广东	主要以广东东部的潮安县、饶平县、汕头市为中心	凤凰单枞、通天香单枞、高山单枞、岭头单枞
台湾	以台湾省南投县、嘉义县为中心	冻顶乌龙、木栅铁观音、大禹岭乌龙、杉林溪乌龙、阿里山乌龙、金萱乌龙

乌龙茶的品饮

在品饮乌龙茶时要注意三个问题：一是不能空腹饮用乌龙茶，否则就会感到饥肠辘辘，甚至会头昏眼花，即我们常说的“茶醉”；二是睡前不能饮用乌龙茶，否则会使人难以入眠；三是冷茶不能饮，乌龙茶冷后性寒，对胃有较大的刺激性。

安溪铁观音

外观：条索卷曲，肥壮圆结，沉重匀整，色泽鲜润，砂绿红点，叶表有白霜，称为“砂绿起霜”

茶香：浓郁持久，带有兰花香、生花生仁味、椰香等各种清香味

汤色：黄浓，艳似琥珀

滋味：入口顺滑，喉头泛甘，口感饱满醇厚，齿颊生香

叶底：青绿红边，肥厚明亮

安溪铁观音茶样

铁观音产于福建省安溪西坪乡一带。安溪境内雨量充沛，气候温和，山峦重叠，林木繁多，终年云雾缭绕，山清水秀，非常适宜茶树的生长。据记载，安溪铁观音茶起源于清雍正年间，当时的安溪茶农选育出许多优良茶树品种，其中以铁观音的制茶品质为最优。因此“铁观音”其名既是茶叶名称，又是茶树品种名称。作为乌龙茶中的极品，铁观音闻名海内外，跻身于世界名茶的行列，以其香高韵长、醇厚甘鲜的品格而驰名中外。

安溪铁观音茶汤

安溪铁观音叶底

安溪铁观音一年分四季采制，其中以春茶品质最好；秋茶次之，其香气特高，俗称“秋香”，但汤味较薄；夏、暑茶品质较次。鲜叶的采摘标准是：必须在嫩梢形成驻芽后，顶叶刚开展呈小开面或中开面时采下二、三叶。采时还要遵循不折断叶片、不折叠叶张、不碰碎叶尖、不带单片、不带鱼叶和老梗的“五不”原则。安溪铁观音的制造工艺要经过晾青、晒青、晾青、做青（摇青摊置）、炒青、揉捻、初焙、复焙、复包揉、文火慢烤、拣簸等工序。铁观音成茶的品质特征是：茶条卷曲，肥壮圆结，沉重匀整，色泽砂绿，整体形状似蜻蜓头、螺旋体、青蛙腿。冲泡后汤色金黄浓艳似琥珀，有天然馥郁的兰花香，滋味醇厚甘鲜，回甘悠久，俗称有“音韵”。铁观音茶香高而持久，可谓“七泡有余香”。

安溪铁观音茶园

黄金桂

外观：条索紧细，色泽润亮金黄
茶香：香气特高，芬芳优雅，略带桂花香
汤色：金黄明亮或浅黄明澈
滋味：醇细鲜爽，有回甘
叶底：中央黄绿，边缘朱红，柔软明亮

黄金桂茶样

黄金桂又名"黄旦"，也称"透天香"、"黄金贵"，是以黄旦品种茶树嫩梢制成的乌龙茶，因其汤色呈金黄色并有奇香似桂花，故名。它主要产于福建省安溪县虎邱乡，主产区为福建安溪虎邱镇的罗岩，以及大坪、金谷、剑斗等地，属于闽南乌龙茶的一种。

黄金桂于每年的四月中旬开始采制，比一般品种早十余天，比铁观音早近二十天。采摘标准为：新梢生长形成驻芽后，顶叶呈小开面或中开面时采下二、三叶。鲜叶经晾青、晒青、晾青、做青（摇青摊置）、炒青、揉捻、初焙、复焙、复包揉、文火慢烤、拣簸等工序后，黄金桂就制作完成了。由于茶树品种和制作上的特色，黄金桂成品茶的香气特别高，被称为"清明茶"、"透天香"，有"一早二奇"之誉。"早"，是指萌芽得早、采制早、上市早；"奇"是指成茶的外形"细、匀、黄"，条索细长匀称，色泽黄绿光亮；内质"香、奇、鲜"，即香高味醇，奇特优雅，因而素有"未尝清甘味，先闻透天香"之称。

黄金桂茶汤

武夷大红袍

外观：条索紧结、壮实、匀整，成扭曲条形，俗称“蜻蜓头”，叶背起蛙皮状砂粒，俗称“蛤蟆背”，色泽绿润带宝光，又俗称“砂绿润”

茶香：浓郁高长，带有淡淡的兰花香

汤色：橙黄或深橙黄色，清澈透亮，水色三层分明

滋味：醇厚回甘，入口清爽

叶底：叶底匀整、干净，无杂质

大红袍茶样

武夷大红袍是一种产于福建省武夷山的乌龙茶，素有“茶中状元”之称。大红袍茶树在早春茶芽萌发时，远望通树艳红似火，犹如红袍披树，因而得名。大红袍的原生植株（母株）生长在福建省崇安县武夷山东北部天心岩下天心庵之西的九龙窠，都是稀世之宝。现九龙窠陡峭绝壁上仅存 6 株原生茶树，植于山腰石筑的坝栏内，有岩缝沁出的泉水滋润，不施肥料，生长茂盛，树龄已达千年。这 6 株茶树都为灌木型茶树，叶质较厚，芽头微微泛红，阳光照射茶树和岩石时，红灿灿一片，十分夺目。人们于每

大红袍茶汤

大红袍叶底

年5月13～15日高架云梯采摘鲜叶，由于产量稀少，被视为稀世之珍。从元明以来，大红袍就为历代皇室贡品。

2006年，武夷山市政府决定停采留养母树大红袍，大红袍母树茶叶成绝品。现在所能见到的大红袍茶，是经武夷山市茶叶研究所反复试验、采取无性繁殖的技术繁育种植的产品，已批量生产。大红袍茶的采制技术与其他岩茶相类似，但更加精细。不同品种、不同岩别、山阳山阴及干湿不同的茶青，都有所区别。每年春天，采摘一芽三、四叶开面新梢，要求所采摘的新梢无叶面水、无破损、新鲜、均匀一致。大红袍的各道加工工序全部由手工操作，工艺复杂而精湛。成品茶香气浓郁，滋味醇厚，有明显的“岩韵”特征，饮后齿颊留香，经久不退，冲泡9次犹存原茶的桂花香味，被誉为“武夷茶王”。

武夷大红袍母树

铁罗汉

外观：条索紧结匀整，色泽青褐润亮，叶面呈蛙皮状，有砂粒白点，俗称“蛤蟆背”

茶香：香气馥郁，有兰花香，香高而持久，“岩韵”明显

汤色：清澈艳丽，呈深橙黄色

滋味：醇厚甘爽，回甘重，虽浓饮而不见苦涩

叶底：软亮匀齐，叶片红绿相间，呈三分红七分绿，典型叶片有“绿叶红镶边”

铁罗汉茶样

铁罗汉是武夷岩茶中最早的名枞，原产地在武夷山市慧苑岩的内鬼洞（亦称“峰窠坑”）中，该地两旁是悬崖峭壁，铁罗汉树就生长在一狭长地带的小溪涧旁。清代郭柏苍的《闽产录异》（1886年）记载：“铁罗汉、坠柳条，皆宋树，又仅止一株，年产少许。”20世纪80年代以来，武夷山市已扩大栽培此茶树。

铁罗汉于每年春季谷雨前后开采，采摘一芽三、四叶开面新梢，经晒青、晾青、做青、炒青、初揉、复炒、复揉、走水焙、簸拣、摊晾、拣剔、复焙、再簸拣、补火等工序制作而成。成茶的品质

铁罗汉茶汤

铁罗汉叶底

特征是条索紧结，色泽绿褐鲜润，冲泡后汤色橙黄明亮，叶片红绿相间，典型的叶片有“绿叶红镶边”之美感。铁罗汉品质最突出的地方是香气馥郁，有兰花香，香高而持久，“岩韵”明显，耐冲泡。铁罗汉茶在我国闽南地区以及东南亚地区拥有众多的爱好者。

武夷岩茶

武夷岩茶是产于福建省武夷山市（原崇安县）武夷山岩上的乌龙茶类的总称。武夷岩茶具有绿茶之清香、红茶之甘醇，是中国乌龙茶中的极品。经历代变迁，武夷岩茶种类繁多，品质各异，其中最负盛名的就是大红袍，其他著名品种还有铁罗汉、白鸡冠、水金龟等。武夷岩茶的最大特征就是“岩韵”，有人将“岩韵”总结为“香、清、甘、活”四个字。香，包括真香、兰香、清香、纯香，这四种香绝妙地融合在一起，使得茶香清纯、幽雅、持久。清，指汤色清澈艳亮，茶味清纯顺口，回甘清甜持久。甘，指茶汤鲜醇可口，滋味醇厚，回味甘爽。活，指的是品饮武夷岩茶时特有的心灵感受。正是这种妙不可言的“岩韵”，使武夷岩茶蜚声四海，令品茶人如醉如痴。

武夷山风光

白鸡冠

外观：叶子淡绿，绿中带白，芽儿弯弯，嫩叶薄软；成茶米黄中现乳白，形似鸡冠
茶香：浓郁清长
汤色：淡淡金黄色
滋味：入口清淡，“岩韵”若隐若现
叶底：黄色柔嫩，“三红七绿”十分明显

白鸡冠茶样

白鸡冠早在明朝就已出现，早于大红袍，原产于武夷山慧苑岩火焰峰下外鬼洞和武夷山公祠后山。在武夷山生长的茶树中，白鸡冠的外形最为独特，树叶呈淡绿色，嫩叶浅绿微黄，叶面开展，春梢顶芽微弯，茸毫显露，形似鸡冠，这也是“白鸡冠”名称的由来。因沿袭传统的制作方式，所制出的茶，香气高锐持久，喝一口唇齿留香，“岩韵”悠长，连茶梗嚼起来也有一股香甜味。

白鸡冠茶一般于每年的五月下旬开始采摘，以一芽二、三叶的开面新梢为原料，经晒青、晾青、做青、炒青、初揉、复炒、复揉、走水焙、簸拣、摊晾、拣剔、复焙、再簸拣、补火而制成。

白鸡冠茶汤

白鸡冠叶底

凤凰单枞

外观：茶条壮挺，色泽金褐，似鳝鱼鳞片，表面泛朱砂点，隐镶红边
茶香：浓郁花香
汤色：橙黄明亮
滋味：甘醇爽口
叶底：绿叶红边

凤凰单枞茶样

凤凰单枞是乌龙茶中的极品，原产于广东省潮安县凤凰山区。凤凰山产茶历史十分悠久，最早可以追溯至唐代。民间盛传北宋末年，宋帝南逃时路经凤凰山，口渴难忍，侍从们从山上采下一种叶尖似鸕嘴的树叶，烹制成茶，饮后既止渴又生津，故后人广为栽种，并称此树为“宋种”或叫“鸕嘴茶”。据明朝嘉靖年间的《广东通志初稿》记载，“茶，潮之出桑浦者佳”，说明当时潮安已成为广东产茶区之一。清代，凤凰单枞茶逐渐被人们所认识，并被列入全国名茶。

凤凰单枞一年四季均可采制，采摘以嫩梢形成驻芽后第一叶开展到中开面时为宜，多选在下午两点左右采茶。采下的茶叶立即晒青，傍晚逐一分株制作，连夜赶制加工。此茶的品质特点是外形挺直肥硕，色泽黄褐，有天然花香，滋味浓郁、甘醇、爽口，汤色清澈，叶底青绿镶红，耐冲泡。

凤凰单枞茶汤

永春佛手

外观：条索紧结肥壮，卷曲，色泽砂绿乌润
茶香：浓郁锐利
汤色：橙黄，清澈明亮
滋味：甘爽醇厚，经久耐泡
叶底：黄绿明亮

永春佛手茶样

永春佛手是产于福建省永春的一种乌龙茶，又名“香橼种”、“雪梨”，因其形似佛手、名贵胜金，又称“金佛手”。

永春佛手的鲜叶采自无性系茶树品种——佛手，形状与佛手柑叶近似，叶肉肥厚丰润，质地柔软绵韧，嫩芽紫红亮丽。其制作方法与一般乌龙茶相似，唯有复烘、复包揉在三次或三次以上。成茶外形卷结，形如海蛎干，粗壮肥重，色泽乌润砂绿，香味浓锐，口味甘厚，汤色橙黄，叶底黄绿明亮。

永春佛手茶汤

永春佛手叶底

竹山金萱

外观：卷曲呈半球状，色泽砂绿有光泽
茶香：淡淡的奶香及花香
汤色：金黄清澈
滋味：香浓醇厚
叶底：肥厚嫩匀

竹山金萱茶样

竹山金萱是产于中国台湾省南投县竹山镇、台湾各新茶区的台湾包种茶，属轻度发酵茶。它是由鲜叶在采摘后经过晒青、晾青、杀青、揉捻、初烘、包揉、复烘而制成。成茶卷曲呈半球状，色泽砂绿有光泽，汤色金黄，有淡淡的奶香及花香，滋味香浓醇厚，风味独特，深受女性及年轻消费者的喜爱。

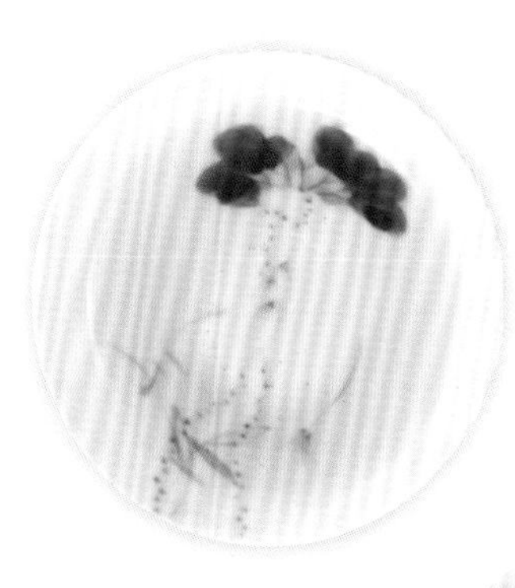

竹山金萱茶汤

竹山金萱叶底

大禹岭乌龙茶

外观：卷曲呈半球形，条索紧结匀整，色泽墨绿油润
茶香：清香高远
汤色：蜜绿明亮
滋味：入口绵滑柔顺，回甘极强
叶底：鲜嫩肥厚

大禹岭乌龙茶茶样

大禹岭乌龙茶产于台湾省南投、台中、花莲三县交汇的合欢山上，其海拔高度在2100米以上，是目前台湾海拔最高的乌龙茶产地，寒冷且温差大。在这种环境下茶树生长缓慢，因此茶质幼嫩，茶味甘醇，加上当地排水良好的酸性土壤，所生产的高山乌龙茶口感醇厚，香气芬芳，一般被认为是台湾最好的高山茶。

大禹岭乌龙茶的珍贵之处除了味美外，也在于它的采收困难。许多茶树种植处没有接通道路，所以采收搬运皆需人力，采收格外辛苦。每年的秋末冬初是大禹岭茶的采收季节，此时高山上的气候已经较为寒冷，有时更会下起雪来，更加大了采收的难度，但冬茶也因此更加韵味醇厚。

大禹岭乌龙茶叶底

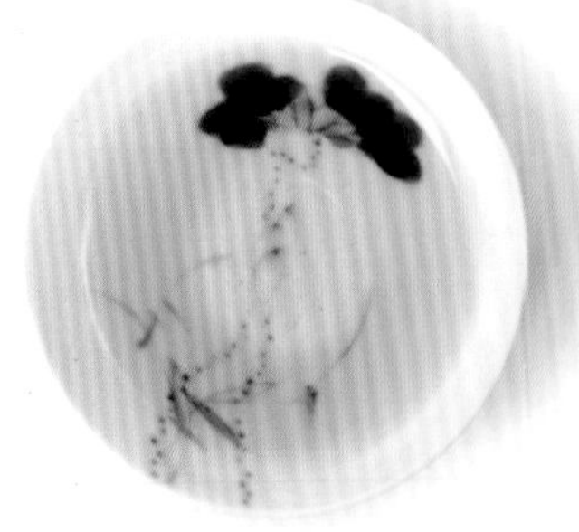

大禹岭乌龙茶茶汤

杉林溪乌龙茶

外观：条索紧结整齐，色泽鲜绿
茶香：清香持久
汤色：蜜绿澄清
滋味：入口生津，入喉甘清，喉韵强
叶底：边缘有红边，叶中部呈淡绿色

杉林溪乌龙茶茶样

杉林溪，位于台湾南投县竹山乡，是台湾著名的旅游景点，也是台湾四大高山茶区之一。茶区海拔为 1500 ~ 1800 米，常年云雾缭绕，气温较低，茶树生长缓慢；日夜温差大，以致茶树芽叶所含苦涩味的成分较低，而甘味较高，且芽叶柔软，叶肉肥厚。杉林溪乌龙茶一年可采春夏秋三季，成茶条索紧结整齐，色泽鲜绿，汤色蜜绿澄清，清香扑鼻，入口生津，入喉甘清，喉韵强，乃高山茶中的极品。

杉林溪乌龙茶茶汤

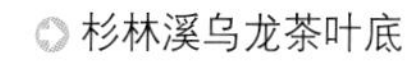

杉林溪乌龙茶叶底

冻顶乌龙茶

外观：卷曲呈半球形，条索紧结匀整，色泽墨绿油润
茶香：清香持久，有花香，略带焦糖香
汤色：蜜绿带金黄
滋味：甘醇浓厚，入口圆滑甘润，
饮后口舌生津、喉韵悠长
叶底：边缘有红边，叶中部
呈淡绿色

冻顶乌龙茶茶样

冻顶乌龙茶属于轻度半发酵茶，产于台湾省南投县鹿谷乡凤凰山的支脉冻顶山一带。冻顶山居于海拔700米的高岗上，传说山上种茶，因雨多、山高、路滑，上山的茶农必须绷紧脚尖（当地称“冻脚尖”）才能上山顶，故称此山为“冻顶”。冻顶山上栽种了青心乌龙茶等茶树良种，山高林密土质好，茶树生长茂盛。

冻顶乌龙茶一年四季均可采摘，采摘未开展的一芽二、三叶嫩梢。采摘时间以每天上午10时至下午2时之间最佳，采后立即送厂加工。其制作过程分初制与精制两大工序。冻顶乌龙茶的品质特点为：外形卷曲呈半球形，色泽墨绿油润，冲泡后汤色黄绿明亮，香气高，有花香略带焦糖香，滋味甘醇浓厚，耐冲泡。冻顶乌龙茶品质优异，历来深受消费者的青睐，畅销中国港澳台地区以及东南亚等地。

冻顶乌龙茶茶汤

东方美人

外观：白、青、红、黄、褐五色相间，上有一层银毛闪闪发光
茶香：天然蜜味与熟果香
汤色：明澈鲜丽的琥珀色
滋味：甘润香醇，饮后口齿留香
叶底：肥厚明亮

东方美人茶样

东方美人茶的主要产地在台湾的新竹、苗栗一带，是台湾省独有的名茶，又名“膨风茶”，因其茶芽白毫显著，又名“白毫乌龙茶”，是乌龙茶中发酵程度最高的品种，一般的发酵度为60%。相传在百余年前，英国商人将这种茶呈献给英国女皇品尝，女皇为其独特的茶香惊叹不已，又欣赏其外貌鲜艳可爱，宛如佳人，且产于东方，于是将其命名为“东方美人”。

东方美人茶最特别的地方在于，茶芽必须让一种叫“小绿叶蝉”的小昆虫（又称“浮尘子”）叮咬吸食，昆虫的唾液与茶叶酵素混合出特别的香气，就是东方美人茶醇厚果香蜜味的来源。

东方美人茶汤

东方美人叶底

为了使小绿叶蝉生长良好，东方美人茶在生产过程中绝不能使用农药，因此产量较低，也更显其珍贵。

东方美人茶于每年六七月采摘，手工采摘一芽二叶，以传统技术精制成高级乌龙茶。精制后的茶叶白毫肥大，茶身白、青、红、黄、褐五色相间，鲜艳如花朵，用放大镜可以看见茶叶上有一层纤细的银毛，闪闪发光。冲泡后的茶汤颜色比其他乌龙茶更浓，是明澈鲜丽的琥珀色，茶香为天然蜜味与熟果香，茶汤入喉之际，甘润香醇，饮后口齿留香，徐徐生津，令人回味无穷。

令乌龙茶别具风味的小绿叶蝉

木栅铁观音

外观：卷曲成球状，绿中带褐
茶香：有焦糖香或熟果香
汤色：色泽黄褐
滋味：浓厚，略带果酸味，回味深沉
叶底：肥厚明亮

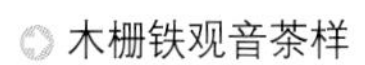
木栅铁观音茶样

木栅铁观音是产于中国台湾省台北市木栅区（现为文山区）的一种中度发酵乌龙茶。清光绪年间，木栅茶师张乃妙、张乃干兄弟前往福建安溪引进纯种茶苗，在木栅樟湖山（今指南里）种植，因此地土质与气候环境均与安溪原产地相近，所以茶树生长良好，制茶品质也十分优异。

木栅铁观音的鲜叶采摘自正丛铁观音茶树，遵循古法制茶工艺，为中发酵高炭火烘焙茶。成茶卷曲成球状，绿中带褐，冲泡后的茶汤色泽黄褐，有焦糖香或熟果香，滋味浓厚，有特殊的果酸味。

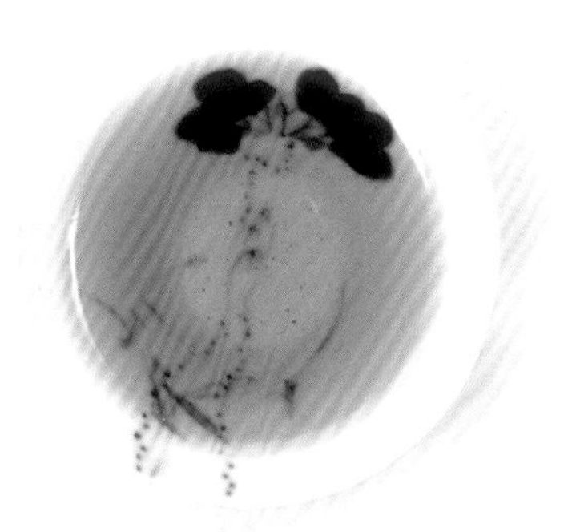
木栅铁观音茶汤

木栅铁观音叶底

白茶

白茶是我国特有的茶叶品类之一，属于微发酵茶，“银叶白汤”是其主要特点。状似银针的白毫银针、卷曲成朵的白牡丹等都是白茶中的名优品种。

认识白茶

传统的白茶不揉不捻，形态自然，茸毛不脱，白毫满身。所以茶叶冲泡好后，其叶片完整而舒展，香味醇和，汤色较淡。由于白茶在加工的过程中未经炒、揉，任其自然风干，茶中多糖类物质基本未被破坏，因此它是所有茶中茶多糖含量最高的。而茶多糖对治疗糖尿病有一定的功效，因而白茶非常适合糖尿病患者饮用。

白茶的加工

白茶属轻微发酵茶，是选用芽叶上白茸毛多的茶树品种经萎凋、干燥两道工序制成的。白茶加工的关键就在萎凋这个环节上。其色泽银白光润、清鲜毫香、清甜滋味的品质特征，都是在这一过程中形成的。白茶的萎凋分室内萎凋和室外日光萎凋两种。室内萎凋的方法，通常是在阴雨、闷热、湿度较大的天气情况下采用；而室外日光萎凋，通常在天气晴朗、日照充足、温度较高、湿度低的情况下采用。萎凋之后再用文火烘焙，直到足干为止。

白茶的分类

白茶可以按照其茶树品种、鲜叶采摘的不同分为芽茶和叶茶两类：以茶树的芽叶制成的毛茶称为“小白”，以茶树叶制作而成的毛茶则称为“大白”。

白毫银针

外形：条索两头尖尖酷似缝衣针，浑身满披白毫，色白如银
茶香：毫香鲜美
汤色：晶亮而呈浅杏黄色
滋味：醇厚爽口
叶底：幼嫩肥软明亮

白毫银针的茶样

白毫银针是最早的一种白茶，由于其采用的原料全部都是鲜叶茶芽，制成成品茶后，形状似针，因而得名，简称“银针”，主要产于福建省福鼎市和政和县等地。白毫银针的形、色、质、趣是名茶中绝无仅有的，实为茶中珍品。

福建福鼎太姥山风光

福鼎白茶原产于福鼎太姥山。现今太姥山还留有传说中的太姥娘娘手植的福鼎大白茶原始古茶树。

冲泡好的白毫银针

福鼎产制的白毫银针又称“北路银针”。清朝嘉庆初年，福鼎茶农用菜茶（有性群体）的壮芽为原料，创制白毫银针；后采用新育成的福鼎大白茶品种的茶树的壮芽作为制作白毫银针的原料。

政和所产的白毫银针又称“南路银针”。政和地区直到 19 世纪末才选育繁殖出政和大白茶品种的茶树，之后便开始采用此茶树品种的茶芽制作白毫银针。当时政和大白茶产区的铁山、稻香、东峰、林屯一带，家家户户制白毫银针。当地流行着“女儿不慕富豪家，只问茶叶和银针”的说法。

白毫银针于每年的 3 月下旬至清明期间开始采摘，采一芽一叶初展，剥离出茶芽，俗称“剥针”，然后只采用肥厚的茶芽制

白毫银针的叶底

作白毫银针，经萎凋、干燥两道工序制作而成。南路银针茶光泽不如北路银针茶，但香气清鲜，滋味浓厚。把白毫银针茶放在透明的玻璃杯中，加入沸水便可看见大大小小的茶叶似银针竖立在水杯中，徐徐下落，慢慢沉至杯底，条条挺立，如陈枪列戟；微吹饮啜，升降浮游，观赏品饮，别有情趣。

白毫银针的传说

传说很早以前有一年，福建政和一带久旱不雨，瘟疫四起。在洞宫山上的一口龙井旁有几株仙草，草汁能治百病。很多勇敢的小伙子纷纷去寻找仙草，但都有去无回。有一户人家，家中有兄妹三人：志刚、志诚和志玉。三人商定轮流去找仙草。

大哥来到洞宫山下时，路旁走出一位老人，告诉他上山时只能向前，不能回头，否则采不到仙草。志刚一口气爬到半山腰，忽听后面有人大喊："你敢往上闯！"志刚大惊之下一回头，立刻变成了乱石岗上的一块石头。二哥志诚接着去找仙草，同样也变成了一块巨石。找仙草的重任落到了三妹志玉的头上。她在洞宫山的山脚下也遇见了那位老人，老人同样告诉她千万不能回头，而且送她一块烤糍粑。志玉来到乱石岗前，奇怪的声音又响起来，她就用糍粑塞住耳朵，终于一口气爬上山顶，来到龙井旁，采下仙草上的芽叶，并用井水浇灌仙草。仙草开花结籽，志玉采下种子，下山回乡，将种子洒满山坡，很快山坡上长满了仙草，生病的乡亲们都得救了。据说这种仙草便是茶树，这便是白毫银针的来历。

白牡丹

外观：条索肥壮紧实，叶态伸展，毫心肥壮，叶色灰绿，叶背布满洁白茸毛，芽叶连枝，叶缘向叶背微卷，呈“抱心形”

茶香：清高悠长

汤色：黄绿明亮

滋味：醇爽清甜

叶底：嫩匀完整，叶脉微红，布于绿叶之中，有“红装素裹”之誉

白牡丹茶样

白牡丹属于叶状白芽茶，产于福建省建阳、政和、松溪、福鼎等县，因其绿叶夹银白色毫心，形似花朵，冲泡后绿叶托着嫩芽，宛如白色牡丹蓓蕾初放，故得此名。

白牡丹茶以政和大白茶和福鼎大白茶或水仙种的茶树鲜叶为原料，一般采其一芽一、二叶，并要求“三白”，即芽白，第一、二叶都满披白色茸毛。采来的鲜叶不经炒揉，只经萎凋和干燥两道工序。其制作工艺关键在于萎凋，要根据气候灵活掌握，以春秋晴天或夏季不闷热的晴朗天气，采取室内自然萎凋或复式萎凋为佳。

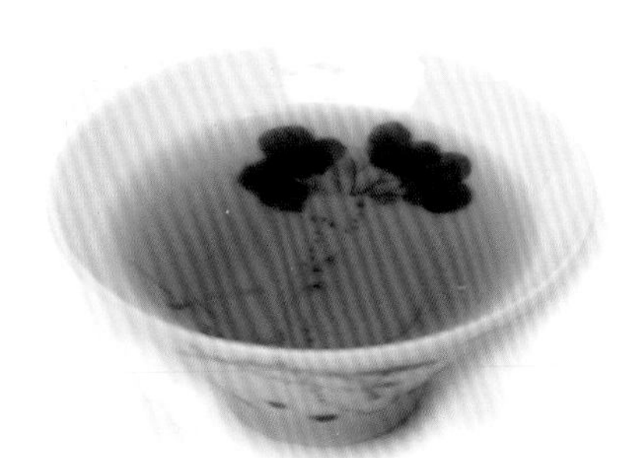

白牡丹茶汤

贡眉

外观：毫心多而肥壮，叶张幼嫩，色呈灰绿或墨绿，芽叶连枝，叶态紧卷如眉

茶香：鲜爽

汤色：浅橙黄，清澈

滋味：清甜醇爽

叶底：黄绿，柔软匀亮

贡眉茶样

贡眉，又叫“寿眉”，以菜茶茶树的芽叶制作而成，是白茶中产量较高的一个品种，主要产于福建省的建阳、福鼎、政和、松溪等县。

贡眉一般于每年的清明至谷雨前后开始采摘。采摘标准为一芽一叶和一芽二叶初展，要求含有嫩芽、壮芽。采回的芽叶必须经过精拣细剔，达到嫩、匀、净的目的。拣剔后的芽叶放置在竹匾上摊放2 ~4小时后再经萎凋和干燥两道工序，贡眉就制作完成了。

贡眉的制作工序与白牡丹相似，其内含物和保健功效也与白牡丹相差无几，但其感官的品质却与白牡丹不同。贡眉毫心肥壮，茸毫色白且多，干茶色泽翠绿；冲泡后汤色橙色清亮，滋味醇爽，叶底匀整、柔软、鲜亮，叶片迎光看去，可透视出主脉的红色。

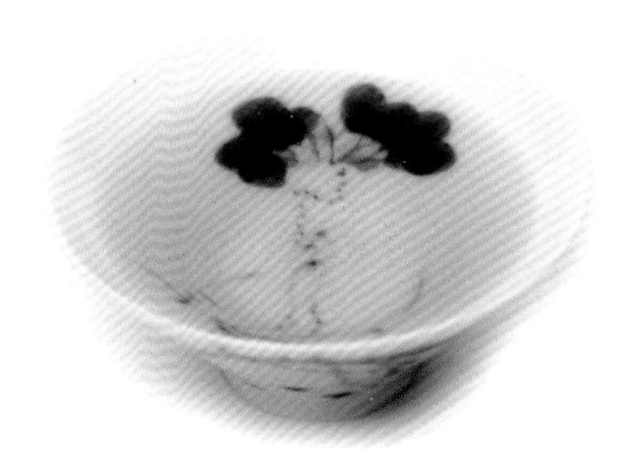

贡眉茶汤

新工艺白茶

外观：叶片呈半卷条形，色泽呈暗绿色，暗中带褐
茶香：气味香浓
汤色：橙红
滋味：浓醇，清甘并存
叶底：舒展，可见略红的叶筋

新工艺白茶茶样

新工艺白茶常被简称为“新白茶”，属于白茶中的新产品，主要产于福建省福鼎、政和、松溪、建阳等地区。制造新工艺白茶的鲜叶原料与贡眉相同，也来自小叶种茶树，对芽叶的嫩度要求不高。采制回来的芽叶经过萎凋、轻揉、干燥、拣剔、过筛、打堆、烘焙七道工序之后，方可装箱。新工艺白茶的基本特征是浓醇清甘，同时又有闽北乌龙的“馥郁”。同贡眉相比，新白茶外形上更加紧卷，汤味较浓郁，汤色也较深。

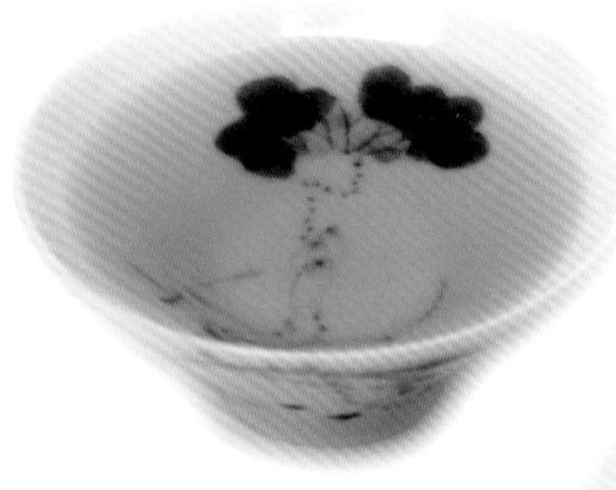

新工艺白茶茶底

新工艺白茶叶底

黄茶

黄茶是我国特有的茶叶品类之一，属于轻微发酵茶。它是以嫩茶芽为原料，经杀青、揉捻、闷堆、烘干等工序制作而成。黄茶外形肥硕，颜色黄亮并披少许银白色细毫，汤色橙黄明亮，滋味鲜醇，经久耐泡。明代的许次纾在《茶疏》中记载了黄茶的演变。当时人们在炒青绿茶中发现，鲜叶在杀青、揉捻后，干燥不足或不及时，叶色会变黄，于是就产生了黄茶这一新的茶叶品类。

认识黄茶

黄茶中含有丰富的营养物质，如茶多酚、氨基酸、可溶糖、维生素等。此外，黄茶中的天然物质保留在85%以上，而这些物质对防癌、抗癌、杀菌、消炎均有一定的疗效，是其他茶叶所不及的。

黄茶之形

黄茶因品种和加工技术不同，形状各异。

扁形：形状扁平挺直，匀齐。代表性的黄茶有蒙顶黄芽等。

针形：条索紧细圆直，形如松针或银针。代表性的黄茶有君山银针。

雀舌形：形状酷似雀舌。雀舌形的茶叶采摘细嫩，多为极品茶。代表性的黄茶有安徽省的霍山黄芽、四川省的巴山雀舌、福建省的天山雀舌等。

肥针形：肥针形的黄茶是由肥壮单芽加工而成的，其外形浑圆、挺直呈针形。代表性的黄茶有莫干黄芽等。

卷曲形：外形纤细卷曲呈环形。代表性的黄茶有鹿苑毛尖茶。

黄茶之色

黄茶干茶有金黄、嫩黄、褐黄、黄青、黄亮、橙黄等颜色上的差别。

金黄：芽头肥壮，芽色金黄，油润光亮。

嫩黄：色浅黄，光泽好。

褐黄：黄中带褐。

黄青：青中带黄。

黄亮：黄而明亮，有深浅之分。

橙黄：黄中微泛红，似橘黄色，有深浅之分。

黄茶之香

嫩香：清爽细腻，有毫香。

清鲜：清香鲜爽，细而持久。

清醇：清香醇和。

焦香：炒麦香强烈持久。

松烟香：带有松木烟香。

适宜冲泡黄茶的玻璃茶具

黄茶的加工

黄茶的制作工序与绿茶比较相似，只是比绿茶多了一道闷黄的工序，而形成了“黄汤黄叶”的品质特点。

黄茶之所以有不同品质，除了鲜叶原料要求不同外，制法也各不相同。例如有的黄茶不需要揉捻，有的黄茶则需要揉捻，但不管是何种黄茶都要经过闷黄的过程。闷黄工序有的在杀青之后，有的在揉捻之后，也有的在初烘（或初炒）之后。闷黄工序是形成黄茶“黄汤黄叶”品质特征的关键所在。在闷黄的过程中，它不但可以促进茶叶中某些成分的变化与转化，而且还可以减少茶的苦涩味，增加甜醇味等。

黄茶的分类

黄茶按采摘鲜叶的嫩度和芽叶大小，分为黄芽茶、黄小茶和黄大茶三类。

1. 黄芽茶

黄芽茶是采摘最为细嫩的单芽或者一芽一叶制作而成。此类茶最大的特点是单芽挺直，冲泡后由于茶芽芽尖向上立于杯中，具有很强的欣赏性。主要品种有湖南的君山银针、四川的蒙顶黄芽和安徽的霍山黄芽。其中君山银针是黄茶中的极品。

2. 黄小茶

黄小茶是采摘细嫩的芽叶制作而成。此类茶的特点是条索细紧显毫，汤色杏黄明亮，滋味醇厚回甘。主要品种有湖南岳阳的北港毛尖、湖南宁乡的沩山毛尖、湖北远安的远安鹿苑和浙江温州、平阳一带的平阳黄汤。

3. 黄大茶

黄大茶所采摘的芽叶较为肥大，通常是以一芽二、三叶甚至一芽四、五叶的芽叶为原料，经过一系列工序制作而成。此类茶的品质特点是叶肥梗壮，梗叶相连成条，色泽金黄，有锅巴香，滋味醇厚且经久耐泡。黄大茶的主要品种有安徽霍山的霍山黄大茶和广东韶关、肇庆、湛江一带的广东大叶青。

君山银针

外观：芽头茁壮，匀整露毫，像根根银针，内面呈金黄色，外层白毫显露
茶香：清香浓郁
汤色：杏黄明净
滋味：甘甜醇和，有回甘
叶底：茶叶根根悬空竖立，上下游动，三起三落，黄亮匀齐

君山银针茶样

君山银针属黄茶中的黄芽茶，产于湖南省岳阳君山，因茶叶形细如针，故名“君山银针”。君山是岳阳洞庭湖中的一个小岛，岛上土壤肥沃，竹木丛生，年均温度16℃～17℃，年均降水量1340毫米，生态环境十分适宜种茶。此地历史上便有名茶的生产，唐代有冲泡后如黄色羽毛一样根根竖立的“黄翎毛”；清代有“尖茶”、“蔸茶”，均被纳为贡茶，并被称为“贡尖”、“贡蔸”。

君山银针只在每年的清明前后采摘，而且只采芽头，并且有雨天不采、风伤不采、开口不采、发紫不采、空心不采、弯曲不采、虫伤不采等“九不采”的要求，所以上等的君山银针堪称极品。采摘来的鲜叶要经过杀青、摊晾、初烘、初包、复烘、复摊晾、复包、足火等工序才能制作出君山银针。其成品茶芽头茁壮，长短均匀，内呈橙黄色，外裹一层白毫，被称为“金镶玉”。冲泡后，开始茶叶全部浮在水面，继而徐徐下沉，三起三落，浑然一体，确为茶中奇观，入口则清香沁人，齿颊留香。

平阳黄汤

外观：细紧纤秀，色泽黄绿，满身披毫
茶香：高锐且持久
汤色：橙黄鲜明，汤面没有或很少夹混绿色环
滋味：醇和爽口，别有风味
叶底：匀整成朵

平阳黄汤茶样

平阳黄汤属黄茶中的黄小茶，产于浙江省平阳、泰顺、瑞安、永嘉等县，也称“温州黄汤”。该茶创制于清代，一度被列为贡品，是浙江主要名茶之一，民国时期失传，20 世纪 70 年代恢复生产。

平阳黄汤于每年的清明前开采，采摘标准为细嫩多毫的一芽一叶和一芽二叶初展，要求大小匀齐一致，然后经杀青、揉捻、闷堆、初烘、闷烘五道工序制作而成。成茶的品质特点是，条形细紧纤秀，色泽黄绿多毫，汤色橙黄鲜明，香气清芬高锐，滋味鲜醇爽口，叶底芽叶成朵匀齐。有人为冲泡后的平阳黄汤总结出“三黄一高”的特点，“三黄”即干茶、茶汤和叶底均为金黄、橙黄色，“一高”是指香气清高。

平阳黄汤茶汤

霍山黄芽

外观：条直微展，匀齐成朵，形似雀舌；
　　　嫩绿泛黄，色泽自然
茶香：清香持久
汤色：嫩绿，清澈明亮
滋味：浓厚鲜醇，有熟板栗香
叶底：黄绿鲜明

霍山黄芽茶样

霍山黄芽属于直条形黄芽茶，产于安徽省霍山县的大化坪一带，以金竹坪、金鸡山、金家湾、乌米尖等地所产品质最佳。霍山自古产茶，西汉司马迁的《史记》中记述："寿春之山（霍山曾隶属寿州）有黄芽焉，可煮而饮，久服得仙。"唐代，霍山茶被列为贡茶，闻名天下。后其曾一度失传，仅闻其名，未见其茶。20 世纪 70 年代，为挖掘和恢复名茶生产，当地茶场进行了研究和生产，形成了现在的霍山黄芽。

霍山黄芽的开采期一般在谷雨前、清明后，采摘一芽一叶和一芽二叶初展。炒制过程分为炒茶、初烘、足火和复火踩筒等工序。成茶的品质特点是外形似雀舌，芽叶细嫩多毫，叶色嫩黄，汤色黄绿清明，香气鲜爽，有熟栗子香，滋味醇厚回甜，叶底黄亮，嫩匀厚实。

冲泡好的霍山黄芽

蒙顶黄芽

外观：扁直，芽条匀整，嫩黄润泽，芽毫显露
茶香：香气馥郁，带有果香
汤色：微黄，清澈透亮
滋味：入口浓醇鲜爽，有淡淡的甜味
叶底：嫩芽秀丽匀整

蒙顶黄芽茶样

蒙顶黄芽属黄茶中的黄芽茶，产于四川省名山县的蒙山。蒙山自西汉时期就产茶，到了唐代更是盛行一时，到明、清时皆为贡品，为我国历史上最有名的贡茶之一。20 世纪 50 年代，蒙山的一批传统名茶被加以改进提高，蒙顶黄芽便成为蒙顶系列产品中的珍品，曾被评为全国十大名茶之一。

蒙顶黄芽采摘于每年的春分时节，当茶树上有 10% 左右的芽头鳞片展开，即可开园。选采肥壮的芽和一芽一叶初展的芽头，要求芽头肥壮匀齐，采摘时严格做到“五不采”，即紫芽、病虫

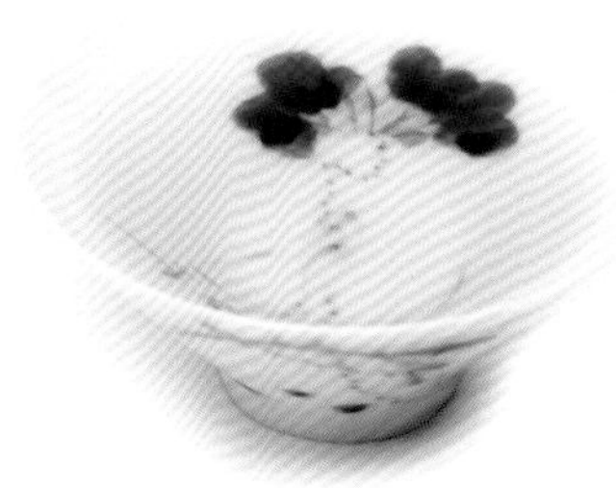

蒙顶黄芽茶汤

蒙顶黄芽叶底

为害芽、露水芽、瘦芽、空心芽不采。采回的嫩芽经杀青、初包、复炒、复包、三炒、堆积摊放、四炒、烘焙八道工序才能制成蒙顶黄芽。蒙顶黄芽的品质特点是外形扁直，色泽微黄，芽毫毕露，甜香浓郁，汤色黄亮，滋味鲜醇回甘，叶底全芽，嫩黄匀齐。

四川蒙顶山茶园

黑茶

黑茶属后发酵茶，是我国边疆少数民族日常生活的必需品，其主要特点是叶色油黑或呈褐绿色，汤色呈橙黄或棕红色。主要品种有湖南黑茶、湖北老青茶、四川边茶、广西六堡茶、云南普洱茶等。

认识黑茶

最早的黑茶产自四川地区。古时四川的茶叶要运输到西北地区，路途遥远且交通不便，运输困难，为了减少体积，需要将茶叶蒸压成团块。在加工过程中要经过二十多天的湿坯堆积，毛茶的色泽逐渐由绿变为黑褐色，并形成了独特风味，这就是黑茶的最初由来。

黑茶

黑茶的成品茶具有色泽呈黑褐或油黑色、滋味醇厚、回味绵长、香气持久和带松烟香的独特品质，茶性更温润，具有去油腻、降血脂的功效，特别适合饮食结构以肉制品为主的人群饮用。

黑茶的原料多为比较粗老的鲜叶，是由采摘下来的茶芽经杀青、揉捻、渥堆、复揉、干燥等工序制作而成，或制成绿茶后再经后发酵而使叶色变黑、汤色深浓。鲜叶原料多为新梢形成的驻芽，外形粗大，叶老梗大。黑茶都有渥堆变色的过程，有的是干坯渥堆变色，如老青砖和四川的茯砖等；有的采用湿坯渥堆变色，如湖南黑茶和广西六堡茶。

黑茶都要经过蒸压过程和缓慢干燥过程，反映在品质上就是干茶色呈褐色，汤色呈橙黄或橙红色（带橙色），香味纯而不涩，叶底黄褐粗大。

茶马古道

茶马古道起源于唐宋时期的“茶马互市”。“茶马互市”是我国西部历史上汉藏民族间一种传统的以茶易马或以马换茶为内容的贸易往来。茶马贸易繁荣了古代西部地区的经济文化，同时也造就了茶马古道这条传播的路径。在这条古老而又神秘的道路之上，马帮源源不断地为藏区驮去茶叶、盐巴、布匹等生活必需品，再从藏区换回马匹、牛羊和皮毛，它是目前世界上已知的地势最高最险的文明传播古道。

茶马古道上的马帮

湖南黑茶

外观：条索粗卷，色泽乌黑油润
茶香：纯正而略带松烟香
汤色：橙黄明亮
滋味：浓厚
叶底：黄褐均匀

黑毛茶湘尖一号（天尖）茶茶样

湖南黑茶主要集中在湖南省安化县一带生产，最好的黑茶原料要数高马二溪产的茶叶。采下来的鲜叶要经过杀青、初揉、渥堆、复揉、干燥五道工序才能制作成黑茶。成茶条索卷折，呈泥鳅状，色泽油黑，冲泡后汤色橙黄，有醇厚的烟香味，叶底黄褐。

黑毛茶经蒸压装篓后被称为“湘尖茶”，为安化白沙溪茶厂所产，按照等级分为湘尖一号、二号、三号，史称“天尖”、“贡尖”和“生尖”。清道光年间（1821 ~ 1850），“天尖”、“贡尖”以其优良的品质和独特的松烟香味，深得皇室喜爱，被列为贡品。“天尖”由一级黑毛茶压制而成，外形色泽乌润，内质清香，滋味浓厚，汤色橙黄，叶底黄褐。“贡尖”由二级黑毛茶压制而成，外形色泽黑带褐，香气纯正，滋味醇和，汤色稍橙黄，叶底黄褐带暗。“生尖”由三级黑毛茶压制而成，外形色泽黑褐，香气平淡，稍带焦香，滋味尚浓微涩，汤色暗褐，叶底黑褐粗老。

湖南黑茶还有经蒸压后做成砖形的产品，包括黑砖茶、花砖茶、茯砖茶等。

黑砖茶外形呈长方形砖块状，色泽黑褐，香气纯正，茶汤橙黄稍深或橙黄稍暗，滋味醇和略涩。因为黑砖面上压有“湖南省

黑砖茶茶样

砖茶厂压制”八个字，所以又称“八字砖”。

花砖茶旧称“花卷”，过去是用棍锤将茶筑制在长形筒的篾篓中，筑造成圆柱形，便于捆在牲口背两边进行驮运。因其一卷茶净重约合老秤1000两，又叫“千两茶”。1958年安化白沙溪茶厂适应形势发展的需要，经过多次试验，将“花卷”改制成为长方形砖茶，其形状虽有改变，但内质基本接近。由于砖茶四面有花纹，所以称“花砖茶”。花砖茶的加工工艺与黑砖茶基本相同，色泽黑褐光润，香气纯正或带松烟香，茶汤橙黄，滋味醇和。

茯砖茶约产于1860年，早期称“湖茶”，因为是在伏天加工的，所以也称“伏茶”，又因原料送至泾阳制作，也称“泾阳砖”。茯砖茶经原料处理、蒸气渥堆、压制定型、发花干燥等工序制作而成，砖面色泽黑褐，内质香气纯正，滋味醇厚，汤色红黄明亮，叶底黑褐尚匀。特别是砖内含有的金黄色霉菌（俗称“金花”，学名为冠突散囊菌），内含丰富的营养素，对人体极为有益，“金花”越茂盛，则品质越佳。

花砖茶茶样

茯砖茶上的“金花”

六堡茶

外观：条索肥壮，紧实匀整，色泽乌黑
茶香：特殊的陈香，淡淡的槟榔香
汤色：红艳明亮
滋味：浓醇爽滑，有回甘
叶底：匀整干净，无杂质

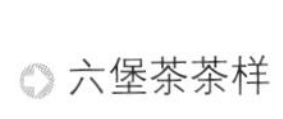
六堡茶茶样

六堡茶因原产于广西壮族自治区梧州市苍梧县六堡乡而得名。清嘉庆年间，六堡茶就以其特殊的槟榔香味而被列为全国名茶。六堡茶性温，除了具有其他茶类所共有的保健作用外，还具有消暑祛湿、明目清心、助消化的功效。

六堡茶的采摘标准为一芽二、三叶或一芽三、四叶。制作过程经杀青、揉捻、渥堆、复揉、干燥五道工序，再经过筛分、拣剔、拼配、蒸制，然后再倒入特制的竹篓里用机器压紧，放置在阴凉通风的地方晾 7~10 天，而后放于室内，让其自然陈化。

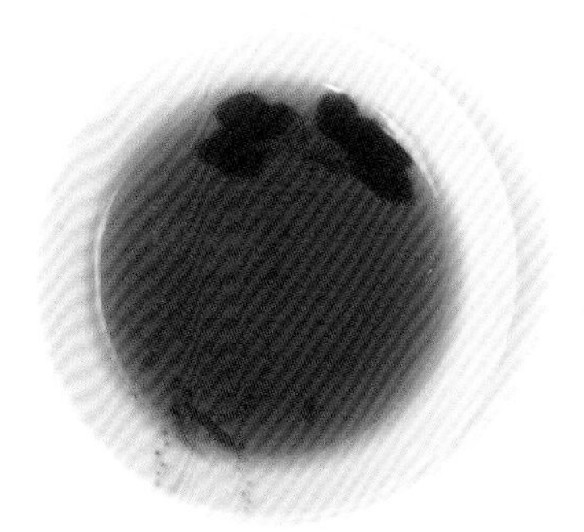
六堡茶茶汤

六堡茶叶底

六堡茶与其他黑茶的不同在于，其渥堆变色的过程是采用湿坯渥堆变色；制作特色在于其进行的是蒸制，即将烘干的茶叶分等级再投入大木桶中蒸软，然后再把茶叶摊到特制的方底圆身竹篓中，再进仓进行自然干燥，最后存放一两个月甚至半年以上进行陈化，才制成成品。

六堡茶成品一般采用传统的竹篓包装，有利于茶叶贮存时内含物质的继续转化，使滋味更醇、汤色更深、陈香显露。为了便于存放，人们也将六堡茶成品压制成块状、砖状、金钱状、圆柱状，还有散装。其品质特点是：色泽黑褐光润，特耐冲泡，叶底呈红褐色。

六堡茶的冲泡

四川边茶

外观：卷折成条，如辣椒形，色泽棕褐油润
茶香：纯正，有老茶香
汤色：黄红明亮
滋味：醇和
叶底：棕褐粗老

康砖茶茶样

四川边茶是产于四川的黑茶的总称，分为“南路边茶”和“西路边茶”两类。

南路边茶产于四川雅安、天全、荥经等地，是专销藏族地区的一种紧压茶。南路边茶原料粗老并包含一部分茶梗，因鲜叶加工方法不同，其毛茶分为两种：杀青后未经蒸揉而直接干燥的，称“毛庄茶”或“金玉茶”；杀青后经多次蒸揉和渥堆然后干燥的，称“做庄茶”。毛庄茶因制法简单，品质较差，现已淘汰。而传统的做庄茶初制工艺较为烦琐，最多的要经过一炒、三蒸、三踩、四堆、四晒、两拣、一筛共18道工序。

南路边茶的成茶过去分为毛尖、芽细、康砖、金玉、金仓五

康砖茶茶汤

康砖茶叶底

个花色，现在被简化为康砖、金尖两个花色。康砖茶净重 500 克，香气纯正，茶汤红黄，滋味尚浓醇。金尖茶净重为 2500 克，色泽棕褐，香气纯正，茶汤黄红，滋味醇和。南路边茶品质优良，经久耐泡，在藏族人民中享有盛誉，占藏族边茶消费量的 60% 以上。

西路边茶简称“西边茶”，系四川灌县、北川一带生产的紧压茶，用篾包包装。以前灌县所产的为长方形包，称“方包茶”；北川所产的为圆形包，称“圆包茶”，现在圆包茶已停产，改按方包茶的规格加工。西路边茶的原料比南路边茶更为粗老，产区大都实行粗细兼采制度，一般在春茶采之后，再采割边茶。其加工工艺比较简单，一般杀青后晒干，蒸压后装入篾包即可。西路边茶的毛茶色泽枯黄，稍带烟焦气，滋味醇和，汤色红黄，叶底黄褐。

康砖茶成品

湖北老青茶

外观：紧结壮实，色泽墨绿油润。
茶香：清香持久，有水蜜桃香
汤色：橙黄明亮
滋味：醇和鲜爽
叶底：肥软，呈橙黄色

湖北老青茶又称“川字茶”，是一种青砖茶，主产于湖北省咸宁的咸安、赤壁、通山、崇阳、通城等地，此外湖南省的临湘县也有老青茶的种植和生产。

湖北老青茶的质量取决于鲜叶的质量和制茶的技术，一般分成三个级别,鲜叶采割标准通常按茎梗皮色划分。一级茶（称“洒面”）鲜叶采割时以白梗为主，基部稍带些红梗，成茶条索较紧，色泽乌绿。二级茶（称“二面”）鲜叶的茎梗以红梗为主，顶部稍带些青梗，成茶叶子成条，叶色乌绿微黄。三级茶（称“里茶”）为当年生红梗新稍，不带麻梗，成茶叶面卷皱，叶色乌绿带花。加工和压制的工序也按照洒面、二面和里茶三个级别而有所不同，面茶的加工工艺较为精细，而里茶较为粗放。

湖北老青茶成品

普洱茶

外观：条索肥壮紧实，色泽光润
茶香：有特殊陈香，及淡淡的桂圆、玫瑰、樟、枣等香味
汤色：红艳明亮，呈红褐色，俗称“猪肝色”
滋味：醇厚鲜爽，有回甘
叶底：匀整、干净，无杂质

普洱茶产于云南省南部的普洱（原思茅市）、西双版纳、昆明和宜良等地区，是一种以云南大叶种晒青毛茶为原料制成的黑茶。

普洱茶的历史

云南是茶树的原生地，全国乃至全世界很多茶叶的根源都在这里，东晋常璩的《华阳国志》中有记载，早在三千多年前，云南地区就已经有人开始种茶，并将制作的茶敬奉给周武王了。唐朝时，普洱茶开始被大规模种植，当时被人称为“普茶”。从宋代到明代，普洱茶向中原地带蔓延，而且在边疆和对外经济贸易

西双版纳的南传佛教寺庙

中扮演了很重要的角色。到了清朝，普洱茶达到了鼎盛时期，并且被列入贡茶的行列，也常常作为国礼，赠送给外国使节。清代学者阮福曾这样记述："普洱茶名遍天下，味最酽京师尤重之。"另一位学者柴萼也在他所著的《梵天庐丛录》一书中这样记载："普洱之比龙井，犹少陵之比渊明，识者韪之。"近些年来，随着社会经济的发展和人们生活水平的提高，人们越来越注重生活的品质，所以极具保健功效的普洱茶更是得到了人们的追捧，普洱茶的发展再次进入鼎盛时期。

普洱茶树的嫩芽

普洱茶的加工

普洱茶的采摘，一般分春、夏、秋、冬四季。2~4 月采收春茶，以清明节后 15 天内采收的春茶为上品，多采一芽一叶，芽蕊细而白；夏茶于 5~7 月采收，称"雨水茶"，如制作得当，茶质近似春茶；秋茶于 8~10 月采收，称"花茶"，茶质次于春、夏茶；冬茶很少采收，仅茶农适量采收，供自己饮用。采摘来的鲜叶，经杀青、揉捻、晒干等工序制成晒青毛茶，再将晒青毛茶进行筛分、拼配后蒸压成型。

正在采茶的云南佤族姑娘

普洱茶的传统制作工艺是：采茶→杀青（生晒、锅炒）→揉捻（手工揉团）→晒干→筛选分类→蒸压成型→最终干燥（晒干、阴干）。

现代制作工艺（人工熟化）是：采茶→杀青（锅炒、滚筒）→揉捻（机器加工）→干燥（烘干）→增湿渥堆（洒水、茶菌）→晾干→筛选分类→蒸压成型→最终干燥（烘干）。

普洱茶的揉捻

普洱茶的晾晒

普洱茶的分类

普洱茶根据其制作方法的不同分为生茶和熟茶两种。普洱生茶是指采摘以后利用自然的方式发酵的茶。这类茶的茶性较刺激，存放数年后茶性会渐渐变得温和，一般上等的普洱茶都是采用这种方法制作，一般生茶所冲泡出的汤色为青绿色。普洱熟茶则是以科学加人为的发酵法制作,茶性温和,所冲泡出的茶汤色泽金红。

普洱茶也可按照其存放的方式分为干仓普洱和湿仓普洱两种。干仓普洱就是指将普洱茶存放在通风干燥的仓库中，使茶叶自然发酵，一般陈化10~20年为最佳。而湿仓普洱则是将普洱茶存放在比较潮湿的地方，以加速其发酵，这类茶因为茶叶中的很多内含物被破坏，所以常常带有泥味或者霉味。湿仓普洱虽然比干仓普洱要陈化得快，但是由于易产生霉变，对人的身体健康不利，所以许多专家学者不建议人们饮用此茶。

干仓发酵的普洱茶

普洱茶还可根据其外形的不同分为散茶、饼茶、沱茶、砖茶、金瓜贡茶等。普洱散茶是指未经压形的普洱茶，制成后的散茶条索粗壮，肥大完整，色泽褐红（俗称“猪肝色”）或带有灰白色，冲泡后的茶汤红浓明亮，香味独特，滋味醇厚回甜。

普洱饼茶

普洱饼茶是一种外形扁平呈圆盘状的普洱茶，也名“七子饼”，主要由勐海茶厂生产。七子饼每七块茶饼为一筒，每块净重七两，七七四十九，代表多子多孙。普洱饼茶有青饼和熟饼之分。青饼是以云南大叶种高中档晒青毛茶为原料而制成的饼茶，色泽乌润有白毫，香味纯正，冲泡后的茶汤色泽橙黄，滋味醇和。熟饼是以云南大叶种普洱茶为原料制成的饼茶，其成茶色泽红褐，芽毫金黄，香气陈浓而纯香，冲泡后的茶汤色泽深红，滋味醇厚香浓。

在云南一些少数民族地区，儿女亲事，非送七子饼茶不可，相传至今，这种风俗在旅居东南亚一带的侨胞中也很盛行，所以，七子饼茶又名“侨销圆茶”、“侨销七子饼茶”。

云南七子饼茶

普洱沱茶

普洱沱茶是用云南大叶种晒青茶制作而成，经蒸压成型后，从上面看形似圆面包，从底下看却又中间下凹，像个厚壁碗，一般每个净重 100 克或 250 克。在包装时，通常每五个用竹箬包成一包，以树皮绳或竹篾捆绑，结实牢靠。据说这是为了方便古时的长途运输及长期存储。

普洱沱茶以云南下关茶厂出品的最为有名，采用普洱茶区的大叶种晒青毛茶精制而成，原料精细，芽毫显露，外形圆整，褐润洁净，包装古朴精美，特色浓郁。上等的沱茶，均选用二三月份茶树上刚发出的嫩梢作为原料，芽叶细嫩、肥硕，茸毛披附，制成的成品似有银色白纱附面，十分美观。成茶色泽褐红，有浓厚的陈香，冲泡后的茶汤色泽红浓，滋味醇和回甜，愈久愈醇，乃茶中的佼佼者。在普洱茶的几大形态（砖茶、沱茶、饼茶、散茶）中，沱茶在海外市场最为畅销。

普洱沱茶

包装好的普洱沱茶

普洱砖茶

普洱砖茶是以云南大叶茶品的种普洱茶为原料，精制后经蒸压做形、烘干而成，呈长方形砖块状，每块 250 ~ 1000 克。成茶色泽褐红，滋味醇和，有浓郁的陈香，冲泡后的茶汤色泽红亮。

普洱砖茶及其茶汤

金瓜贡茶

金瓜贡茶

金瓜贡茶是普洱茶中独有的一种紧压茶，因其形似南瓜，且存放数年后会变得色泽金黄，故得名“金瓜”；又因早年此茶专为上贡朝廷而制，所以被称为“贡茶”。金瓜贡茶的生产始于清雍正七年（1729），当时的云南总督鄂尔泰在普洱府宁洱县(今宁洱镇)建立了贡茶茶厂。清人赵学敏在《本草纲目拾遗》中云：“普洱茶成团，有大中小三种。大者一团五斤，如人头式，称人头茶，每年入贡，民间不易得也。”所以金瓜贡茶又称“人头茶”。

金瓜贡茶的规格从一百克到数百千克均有，其原料精选自无量山海拔 2000 米以上的云南大叶种春茶。金瓜贡茶是并完全遵循古法工艺制作而成的，成茶滋味独特，具有明目清心、开胃健脾及润喉利咽之功效。

普洱散茶

上等的普洱散茶色泽棕褐或褐红（俗称“猪肝色”），光泽油润，陈香显露，条形肥壮完整，断碎茶少。冲泡后的茶汤红浓明亮，有金圈，汤的表面看起来有一层油珠的膜，闻起来陈香浓郁纯正，饮一口滋味浓醇滑口，喉底回甘，舌根生津。叶底完整柔软，色泽褐红，不腐不硬。

普洱散茶茶样

真正的普洱茶

按照普洱茶国家标准的规定，普洱茶的地理标志产品保护范围包括云南省普洱市、西双版纳自治州、昆明市等 11 个州市所属的 639 个乡镇。到 2008 年 9 月，云南省一共有 852 家茶叶生产加工企业获得了食品生产许可证。按规定，目前只有这些企业生产的、并贴上“地理标志产品”的茶才是真正的普洱茶，不在地理标志保护范围内的地区生产的茶是不能叫做普洱茶的。云南的茶叶企业到地理标志保护范围以外的地区购买茶青，以此为原料做成的茶也不能叫普洱茶。

云南省普洱市的茶山

再加工茶

再加工茶，是绿茶、红茶、乌龙茶、白茶、黄茶、黑茶这些基本茶类的原料经再加工而成的产品。

茉莉花茶

外观：芽嫩而匀整，芽毫显露
茶香：香气逼人且持久
滋味：口感柔和，入口爽滑，饮后唇齿留香

茉莉花茶是用茉莉花窨制而成，在花茶产地普遍制作，是花茶中的名品，产量最大，销路最广。以春茶所制的烘青绿茶窨成的茉莉花茶既保持了绿茶浓郁爽口的天然茶味，又饱含茉莉花的鲜灵芳香，因此人说“在中国的花茶里，可以闻到春天的气息”。

茉莉花茶的窨制

制作茉莉花茶，需采摘含苞欲放的茉莉花朵，待入夜花开呈虎爪形时，将其掺入茶中窨制，茶叶独特的吸附性使鲜花中的水分和香气融入茶中，而花则逐渐萎缩，此时除去花朵，烘干茶坯，再用鲜花反复窨制。等级高的茉莉花茶通常为三窨、四窨。为了增强花茶表面的香气，提高其鲜灵度，一般最后要将窨制好的花茶用少量鲜花再窨一次，称“提花”。提花所用鲜花要求质量好，操作与窨花近似，只是鲜花用量少，中途不需通花散热。优质的茉莉花茶具有干茶条索紧细匀整、色泽黑褐油润、冲泡后香气鲜灵持久、汤色黄绿明亮、叶底嫩匀柔软、滋味醇厚鲜爽的特点。

单瓣茉莉花

茉莉银针

茉莉银针产于福建茶区。它用白毫银针的早春鲜叶，做成烘青绿茶，再加窨茉莉鲜花而成。茉莉银针成茶条索紧细如针，匀齐挺直，满披毫毛，香气鲜爽浓郁，汤色清澈明亮。冲泡时茶芽耸立，沉落时如雪花下落，蔚为奇观。

茉莉银针茶样

茉莉大白毫

茉莉大白毫又称“大白毫”，是产于福建省福州市的特种茉莉花茶。它选用高山上芽叶肥壮多毫的大白茶等品种茶树的首春毫芽做茶坯，用茉莉伏花经过七次窨花一次提花制成。成茶色泽略带淡黄，满披茸毛，香气浓郁醇厚，冲泡后的汤色微黄泛绿，久泡仍有余香。

茉莉大白毫茶样

茉莉龙团珠

茉莉龙团珠是产于福建省福州市的中档茉莉花茶，因形似圆珠而得此名，经过两次窨花一次提花而成。成茶外形圆紧重实，香气鲜浓，冲泡后的汤色黄亮，滋味醇厚，经久耐泡。

茉莉龙团珠茶样

玫瑰红茶

外观：条索紧结
茶香：茶香与玫瑰花香
汤色：鲜红明亮
滋味：花香浓郁，甘润醇和
叶底：红亮肥厚

玫瑰红茶茶样

玫瑰红茶是用上等的大叶红茶混合玫瑰花窨制加工而成的一种花茶，于20世纪50年代创制于广东地区。玫瑰红茶的原料一般选用祁门红茶和保加利亚玫瑰，成品除了具有一般红茶的甜香味，更散发着浓郁的玫瑰花香。

玫瑰红茶不仅花香浓郁，而且具有养颜美容、补充人体水分、促进体内毒素排出的作用，受到广大女性的欢迎。

玫瑰红茶茶汤

玫瑰红茶叶底

珠兰花茶

外观：条索紧细匀整，锋苗挺秀，花干呈墨绿色，花粒黄中透绿
茶香：清醇隽永，鲜爽持久
汤色：淡黄透明
滋味：鲜爽回甘
叶底：黄绿细嫩

珠兰花茶茶样

珠兰花茶是以烘青绿茶和珠兰或米兰的鲜花为原料窨制而成。因其香气芬芳幽雅、持久耐贮而深受消费者青睐。其主要产地在安徽省歙县，其次在福建省漳州，广东省广州，以及浙江、江苏、四川等地。其中尤以福州珠兰花茶为佳。珠兰花茶的历史十分悠久，早在明代时就有出产。

珠兰花茶以珠兰为原料，鲜花要求当日采摘，标准为花粒成熟、肥大，色泽鲜润，有绿黄或金黄的花朵。茶叶选用优质绿茶，如黄山毛峰、老竹大方等做茶坯，与鲜花混合窨制而成，一般要经过配茶坯、堆窨和烘干等几道工序。珠兰花茶的品质特征是香烈持久，而且即使经过较长时间的贮存或数次冲泡，其花香仍芬芳隽永。

珠兰花茶茶汤

调饮茶

调饮茶，就是用两种或两种以上的茶拼配而成的茶品，或者是以茶为主，辅以花草、果仁、糖、奶等拼配而成的茶饮料。调饮茶既保留了茶的鲜爽，又以辅料掩盖了茶的苦涩，口味上更加丰富柔和，因而比较适合女士的口味。

其实这种拼配调饮的茶古已有之。清乾隆皇帝就曾创出“三清茶”，以贡茶为主，配以梅花、松子、佛手，用融化的雪水冲泡而成。乾隆皇帝还曾题诗道：“梅花色不妖，佛手香且洁。松实味芳腴，三品殊清绝……”

在今天的边疆少数民族地区，各种调饮茶仍然大行其道，比如蒙古族的奶茶、藏族的酥油茶、客家的擂茶等。

八宝茶

八宝茶是古代丝绸之路上的回族和东乡族人待客的传统茶饮，以茶叶为底，配以冰糖、枸杞、红枣、核桃仁、桂圆肉、芝麻、葡萄干、苹果片等，香甜可口。在四川茶楼中，八宝茶的冲泡很是讲究，由茶师一只手提着特制的一米多长嘴的龙头铜壶（上有两个颤巍巍的红球），当尖尖的壶嘴伸到离茶碗不到 4 厘米时，开水就对准盖碗直射下去，既快又准，还有诸如“苏秦背剑”、“反弹八宝茶琵琶”等富有艺术性的动作，可以称得上是门绝活儿。水顺着碗底翻上来，配料受湿均匀后，盖上茶盖泡五分钟就可以饮用了。

八宝茶的冲泡

魁龙珠

“魁龙珠”是由扬州富春茶社自行窨制的配制茶，至今已有百年历史。它是用浙江的龙井茶、安徽的魁针，加上富春自家种植的珠兰制作而成。此茶取龙井之味、魁针之色、珠兰之香，以扬子江之水泡沏，融苏、浙、皖名茶于一壶，茶色清澈，别具芳香，入口柔和，解渴去腻，有“一壶水烹三江茶”之誉。

藏族酥油茶

藏族酥油茶是藏族人民每日不可或缺的食品之一。在每一个藏族家庭中，几乎随时随地都可以见到它。酥油是从牛、羊奶中提炼出来的。以前，牧民提炼酥油的方法比较特殊，需将加热的奶倒入一种叫做“雪董”的大木桶里，用力上下抽打，来回数百次，搅得奶液上面浮起一层黄色的脂肪质，把它舀起来，灌进皮口袋，冷却后便成了酥油。现在，许多地方逐渐使用奶油分离机提炼酥油。制作酥油茶时，先将茶叶或砖茶熬成很浓的茶汁，再把茶水倒入酥油茶桶内，放入酥油和食盐，用力将茶和酥油搅得油茶交融，再倒进锅里加热，便成了喷香可口的酥油茶了。

打酥油茶的藏族同胞

擂茶

擂茶也叫“三生汤”,是民俗茶饮的一种,一般以生茶叶、生米、生姜为主要原料，经过研磨配制后加水烹煮而成。它在湖南、湖北、江西、福建、广西、四川、贵州等省最为普遍。根据各地人们不同的口味和习惯，各种擂茶除了用“三生”的原料以外，还会另外添加一些其他的东西，如芝麻、花生、玉米、盐巴或者糖等。比如安化擂茶，它的原料就是花生、黄米、黄豆、芝麻、绿豆、南瓜子和茶叶，加少许生姜、胡椒和盐巴等，将所有的原料都炒熟后放入擂钵中捣碎，然后将捣碎的原料放入烧沸的水中，搅拌均匀，熬煮片刻便可。

擂茶的制作

白族三道茶

白族三道茶起源于公元 8 世纪的南诏时期，是一种流行于云南大理白族地区的民族茶。白族人称它为“绍道兆”。三道茶分别为苦茶、甜茶和回味茶，寄寓人生的“一苦、二甜、三回味”。第一道茶，采用的是云南大理产的感通茶，被称为“清苦之茶”，寓意做人立业,必先吃苦。第二道茶,采用下关的沱茶,被称为“甜茶”。当客人喝完第一道茶后,主人重新用小砂罐置茶、烤茶、煮茶,还得在茶盅内放入少许朵美红糖、邓川乳扇、桂皮等。此道茶味道甜蜜清香。第三道茶,被称为“回味茶”。煮茶方法虽然与第二道相同,但茶盅中放的原料变成了适量蜂蜜、炒米花、花椒粒和一小撮核桃仁,茶斟至六七分满。饮第三道茶时,要一边晃动茶盅,使茶汤和佐料均匀混合;一边口中“呼呼”作响,趁热饮下。这杯茶喝起来甜、酸、苦、辣各味俱全,回味无穷。

蒙古族奶茶

蒙古族奶茶是蒙古族人民每日的生活必需品,流行于蒙古族聚集区。蒙古族奶茶主要是由青砖茶、牛羊奶和盐制作而成,是先将茶砖捣碎后放入铜壶中煮开,然后再放入奶和盐。由于蒙古族人主要的食物是牛、羊肉,很少吃蔬菜,所以经常会用喝茶来弥补这个不足。

木纹釉多穆壶(清 乾隆)

多穆壶是藏族、蒙古族用于盛放奶茶的器皿,源于中亚,元代就已流行于蒙古地区。

第三章　喝茶的艺术

在爱茶的人看来，要泡上一杯好茶，除了上佳的茶叶之外，与茶叶相配的精美茶具、适合泡茶的好水，以及熟练精湛的泡茶技巧缺一不可。好茶、美器、好水，再加上赏心悦目的茶艺，喝茶就变成一种艺术，给人带来身心的双重享受。

美器配佳茗

饮茶必先有其器，茶具是饮茶不可或缺的用具。在中国古代，由于年代的不同和饮茶习惯的不同，茶具有着不同的形态。

古代的茶具

在神农氏的时代，人们已经开始制造陶器，并过上了相对定居的生活。当时人们对茶的认识仅停留在药用价值的阶段，通常是简单地咀嚼食用，因此还谈不上使用专用的茶具。新石器时代的陶罐、陶钵，可以被看成茶具的源头。

茶釜

釜是当时的一种重要茶具，因唐代的饮茶方式以烹煮为主，要把茶饼碾末放入茶釜中煎煮。在越窑青瓷中，茶釜也曾大量出现，为了解唐代的煮茶方法提供了实物依据。

越窑青瓷茶釜（五代）

茶臼

茶臼是一种将茶叶磨成粉末的器皿。陆羽在《茶经》中提到的用来研磨茶叶的工具是茶碾，而茶臼出现的时间比茶碾更早。在唐代一些大诗人的诗作中，就有不少提到过茶臼。茶臼的臼体坚致厚实，平底，外面施釉，而臼里露胎，不施釉，而且布满月牙状的小窝，坑坑洼洼，正好用来研茶。

白瓷茶臼（唐）

茶则

量器的一种，茶末入釜时，需要用茶则来量取。用越窑青瓷制作的茶则也在考古发掘中出现。

越窑青瓷茶则（唐）

茶碗

又叫“茶瓯”，是最典型的唐代茶具之一，又分为两类：一类是以玉璧底碗（圈足宽大，中心内凹，近似玉璧）为代表；另一种常见的茶碗是花口，通常作五瓣花形，腹部压印成五棱，圈足稍外撇，这种器形出现要略晚于玉璧底碗。

邢窑白瓷茶碗（唐）

茶托

茶托是防止茶杯烫手而设计的器形，在东晋时就有青瓷盏托出现。唐代茶托的造型较两晋南北朝时更加丰富，莲瓣形、荷叶形、海棠花形等各种款式的茶托大量出现。后因其形似舟，又叫“茶船”或“茶舟”。明清之际茶船相当流行，形制各异，材料兼有陶瓷、漆木、银质、锡金属等。

定窑柿釉盏托（宋）

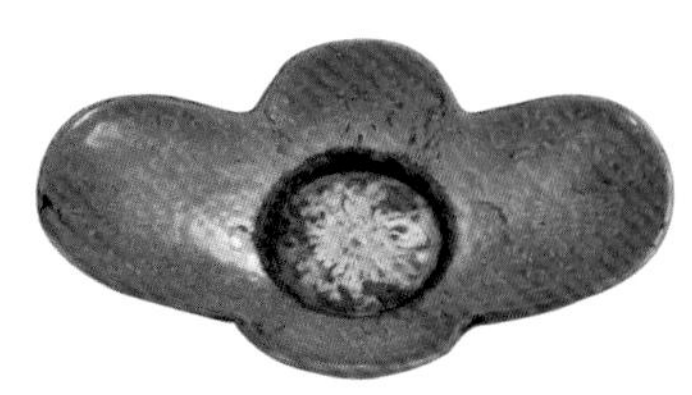

松石地印花茶船（清）

影青瓜棱形汤瓶（宋）

汤瓶

到了晚唐五代之际，饮茶方式又有了新的变化，点茶开始出现。点茶需用的茶具是汤瓶，又叫“偏提”，是从盛酒用的器皿酒注子演变而来的。汤瓶制作非常考究，在点茶过程中起重大作用。它的基本造型是敞口、溜肩、弧腹、平底或带圈足，肩腹部安流，腹部间安执柄。以汤瓶盛水在火上煮至沸腾，置茶末于碗、盏中，再将汤瓶中的沸水注入茶碗。唐人点茶时非常讲究使用汤瓶注汤的技巧。

茶碾

茶碾是唐代特有的一种茶具。唐代人们饮的主要是饼茶，在饮茶前先得将饼茶碾成细末，这就要用到茶碾。唐代茶碾一般由碾槽和碾轴两部分组合而成。碾槽整体呈长方形，中部有一条窄长弧形的沟槽，将茶叶放在沟槽内，再用碾轴在沟槽内来回滚动，就可将茶碾成细末了。

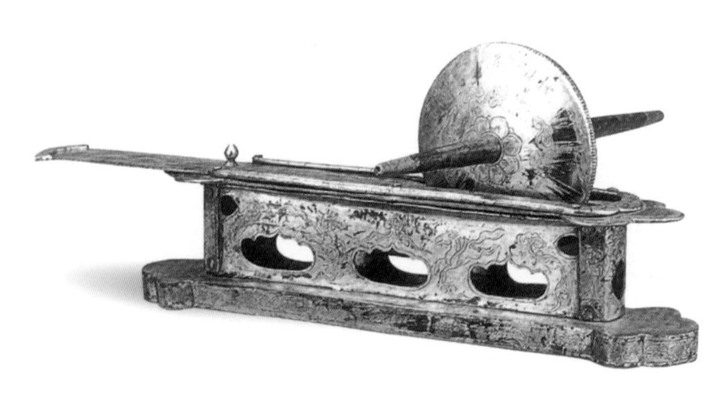
鎏金茶槽子和茶碾子（唐）

茶盏

因宋人推崇白色的茶汤，所以宋代特别流行用黑釉盏来点茶。宋代的黑釉盏以建窑为代表。建窑黑釉盏一般胎体较厚，从造型上看，以敛口和敞口两种为多，无论是哪种造型，其盏壁都很深：盏底深利于发茶，盏底宽则便于使茶筅搅拌时不妨碍用力击拂，胎厚则茶不容易冷却。正因为有这么多优点，建窑黑釉盏理所当然地得到宋皇室的偏爱，其器底有“进盏”、“贡御”铭文的茶盏都是专门上贡给宋皇室的品种。在建窑黑釉器的带动下，南北方的窑场都出现了制作黑釉瓷的高潮，其中与建窑临近的江西吉州窑也在其影响下生产了大量具有自身特色的黑釉茶具。此外北方的磁州窑、定窑及河南的一些窑场也大量生产黑釉茶盏。

德化窑白釉小盏（明）

黑釉油滴盏（南宋）

茶壶

茶壶在明清两代得到很大的发展。在此之前，有流带柄的容器皆被称为“汤瓶”或“偏提”，到了明代真正用来泡茶的茶壶才开始出现。壶的使用弥补了盏茶易凉和落尘的不足，也大大简化了饮茶的程序，受到世人的极力推崇。

虽然有流有柄，但明代用于泡茶的壶与宋代用来点茶的汤瓶还是有很大的区别。明代的茶壶，流与壶口基本齐平，使茶水可以保持与壶体的高度一致而不致外溢，壶流也制成S形，不再如宋代强调的“峻而深”。明代茶壶尚小，以小为贵，因为“壶小则香不涣散，味不耽搁”。清代（1636 ~ 1912）的茶壶造型继承了明代风格，制作材料上有了很大的改进，瓷茶壶和紫砂壶大量出现。

掐丝珐琅飞凤茶壶（明）

盖碗

从茶具形制上讲，除茶壶和茶杯以外，盖碗是清代茶具的一大特色。盖碗一般由盖、碗及托三部分组成，象征着“天、地、人”三才，反映了中国古老的哲学观。盖碗的作用之一是防止灰尘落入碗内，起了有效的防尘作用；其二是防烫手，碗下的托可承盏，喝茶时可手托茶盏，避免手被烫伤。明清时期，景德镇生产了大量的陶瓷盖碗，品种包括青花、五彩、斗彩、粉彩、釉里红、单色釉等等。

粉彩花鸟纹盖碗（清）

茶洗

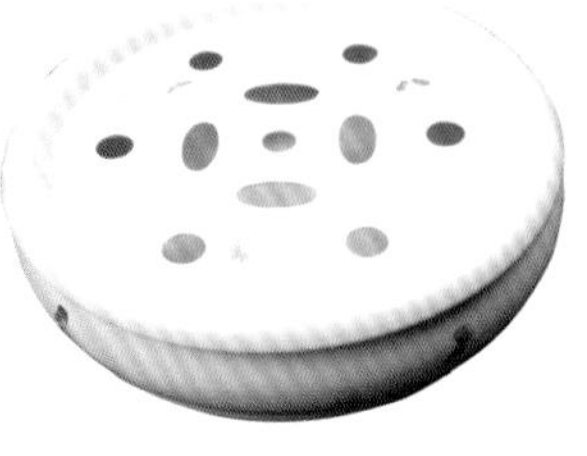
茶洗

由于明人饮用的是散茶，散茶在加工过程中可能会沾上尘垢，于是在泡茶之前多了一道程序——洗茶，茶洗就是洗茶的专门茶具。茶洗形状像碗，上下两层，上层底部有许多小孔，茶叶放在碗里用水冲洗，沙砾污垢都随着水流从孔中流出。也有的茶洗做成扁壶式。

贮茶具

明代散茶的流行对茶叶的贮藏提出了更高的要求，炒制好的茶叶如果保藏不善，茶汤的效果就会大打折扣，所以贮茶器具的优劣比唐宋时显得更为重要。散茶的保存环境宜温燥，忌冷湿。一般来说，明代的散茶保藏采用瓷瓶或紫砂瓶，将焙干的茶叶放入茶瓶，再将细竹丝编织的箬叶覆盖其上，而后瓶口用六七层纸封住，上面再压上白木板，放在干净处存放。需要用时，从大瓶中取一些茶叶放入干燥的小瓶待用。出土及传世的明代茶叶瓶、茶叶罐形制各异，大小不一。清代茶叶罐的种类更加丰富多彩，或圆或方，或瓷或锡，造型千姿百态。

青花釉里红茶叶罐（清）

茶壶桶

木制茶壶桶（清）

唐宋之际，由于盛行煮茶、点茶，并不存在茶水需要保温的问题。而到了明清两代，散茶投入茶壶中，为了不让茶水过快冷却，有人发明了茶壶桶。茶壶桶看上去就是一个小桶，不过桶壁上开有流口，内放棉絮、丝织物等保暖材料，将装满热茶的茶壶放进桶内，让壶嘴对着茶壶桶的流口，盖上盖子，在很长一段时间内可起到保温的效果。制作茶壶桶的材料多样，竹木、藤编、丝织品等都有；形状也十分多样，或圆或方，不一而足。

茶籝

茶籝最初是一种采茶、盛茶的器具，用竹子编就。到了清代，茶籝演变为装放茶器的工具，与陆羽在《茶经》中提到的都篮相当。

明代戏曲家高濂生性喜爱游山水、品茗把盏。为出游携带方

红木茶籝（清）

便，高濂还自己设计了提盒，就是茶籯，内置茶壶、火炉、木炭，以便于随时随地品饮，平时还可以用来摆放茶具。清代时，宫廷中饮茶之风盛行，各色茶具也备受宫廷欢迎。乾隆皇帝酷爱喝茶，他一生中多次出宫南巡。为在旅途中携带方便，他特意命人制作了便于旅途用的全套茶具，并专门设计了用于装置全套茶具的茶籯（又称“撞盒”），用来放置茶壶、茶碗、茶叶罐、茶炉、水具等。故宫现存的几套茶籯，主要有纯紫檀木和竹木混制两种。这些茶籯制作精致，每一件都堪称富有创意的工艺品。

现代茶艺的茶具

现代人们在继承传统茶具种类的基础上，随着现代茶艺的发展，又相继发明了一些新型的茶具。

闻香杯

闻香杯是功夫茶中经常用到的茶具之一，是用来闻茶香的器具，其外形基本为圆筒形。它的款式花色也都与茶杯配套，一般先把泡好的茶倒入闻香杯，再将茶杯倒扣其上，翻转，就可以拿起闻香杯闻留在杯中的香气了。

闻香杯的握杯手法

闻香杯

公道杯

用来分茶的器具。一般把茶壶或盖碗中冲泡好的茶汤先倒入公道杯，再由公道杯分入各品茗杯中，这样做是为了保证茶汤的浓淡均匀。公道杯一般附有把手，也有的没有把手，其质地也很多样化，有瓷质、陶质、玻璃等。

青花瓷公道杯

用公道杯分茶

箸匙筒

箸匙筒是冲泡茶叶的辅助用品，由箸匙筒、茶匙、茶则、茶针、茶夹、茶漏等组成。箸匙筒一般为木质或竹质，茶匙一般用来取干茶，常与茶荷搭配使用。茶则是用来控制茶量的器具，一般用来从茶叶罐中取

箸匙筒

茶。茶针是用来疏通壶嘴的用具,当茶叶阻塞壶嘴时,用它来疏通,使出水流畅。茶夹是用于烫洗杯具的用具，也用来夹取闻香杯和品茗杯；茶漏是置于壶上用于收纳茶叶的用具；而箸匙筒是收纳以上物品的容器。

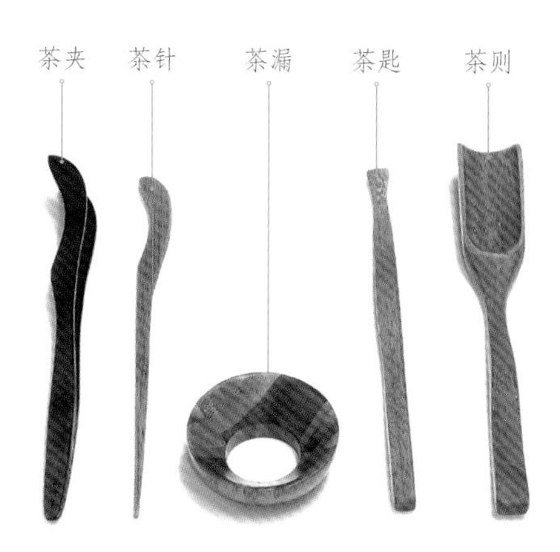

箸匙筒内的茶具

茶荷

茶荷是盛放待泡干茶的器皿，用竹、木、陶、瓷、锡等制成。茶荷的功用与茶则类似，但更兼具赏茶功能。其主要用途是将茶叶由茶罐移至茶壶。茶荷主要为竹制品,既实用又可当艺术品,一举两得。

展示茶叶的茶荷

好水泡好茶

水是茶叶滋味和内含有益成分的载体，茶的色、香、味和各种营养保健物质，都要溶于水后，才能供人享用。而且水能直接影响茶质，清人张大复在《梅花草堂笔谈》中说：“茶情必发于水，八分之茶，遇十分之水，茶亦十分矣；八分之水，试十分之茶，茶只八分耳。”因此好茶必须配以好水。

古人选水

1. 择水选源

唐代的陆羽在《茶经》中指出：“其水，用山水上，江水中，

《品茶图》局部（明 文徵明）

此画作于明嘉靖十年（1531）初春的谷雨节气之后。画面里的茶轩中，主人与来访的宾客在交谈，桌子上有一把茶壶和两个茶碗摆在宾主面前。右侧一间小茅舍中，一童正跪在地上的风炉前煎水，准备泡茶。

井水下。”明代陈继儒在《试茶》诗中说：“泉从石出情更洌，茶自峰生味更圆。”他们都认为试茶水品的优劣，与水源的关系甚为密切。

2. 水品贵“活”

如北宋苏轼《汲江煎茶》诗中的“活水还须活火煎，自临钓石取深清”，宋代唐庚《斗茶记》中的“水不问江井，要之贵活”，南宋胡仔《苕溪渔隐丛话》中的“茶非活水，则不能发其鲜馥”，明代顾元庆《茶谱》中的“山水乳泉漫流者为上”，凡此种种，都说明试茶水品，以“活”为贵。

3. 水味要“甘”

北宋重臣蔡襄在《茶录》中认为：“水泉不甘，能损茶味。”明代田艺蘅在《煮泉小品》中说：“味美者曰甘泉，气氛者曰香泉。”明代罗廪在《茶解》中主张：“梅雨如膏，万物赖以滋养，其味独甘，梅后便不堪饮。”他们都强调宜茶水品在于“甘”，只有“甘”才能够出“味”。

北京玉泉山

4. 水质需“清”

如唐代陆羽的《茶经 · 四之器》中所列的漉水囊，就是作为滤水用的,使煎茶之水清净。宋代斗茶,强调茶汤以“白”取胜，更是注重“山泉之清者”。明代熊明遇用石子“养水”，目的也在于滤水。上面说的都是一个意思，宜茶用水，以“清”为本。

5. 水品应“轻”

清代乾隆皇帝在一生中，塞北江南，无所不至，在杭州品龙井茶，上峨眉尝蒙顶茶，赴武夷啜岩茶，他一生爱茶，是一位品泉评茶的行家。据清代陆以湉的《冷庐杂识》记载，乾隆每次出巡，常喜欢带一只精制银斗，“精量各地泉水”，精心称重，按水的比重从轻到重，排出优次，定北京玉泉山水为“天下第一泉”，作为宫廷御用水。

宜茶之水

天泉

天泉也称“天水”，古人称用于泡茶的雨水和雪水为天泉。早在明代文震亨的《长物志》中就曾这样记载:“秋水为上，梅水次之。秋水白而洌，梅水白而甘。”而在古代，很多的文人雅客也都曾

将天泉记入文中。唐代白居易的诗《晚起》中记载:“融雪煎香茗。”宋代的辛弃疾也曾在《六幺令》的词中写道:“细写茶经煮香雪。”

地泉

地泉是泛指地下涌出的泉水。泉水大多出自岩石重叠的山峦。山上植被繁茂，由山岩断层细流汇集而成的山泉，富含二氧化碳和各种对人体有益的微量元素；而经过沙石过滤的泉水，水质清净晶莹，含氯、铁等化合物极少，用这种泉水泡茶，能使茶的色、香、味、形得到最大发挥。但也并非山泉水都可以用来沏茶，如硫磺矿泉水是不能用来沏茶的。

江、河、湖水

江、河、湖水属地表水，含杂质较多，混浊度较高，一般说来，用来沏茶难以取得较好的效果。但在远离人烟、植被繁茂之地的江、河、湖水，污染物较少，仍不失为沏茶好水。如浙江桐庐的富春江水、淳安的千岛湖水、绍兴的鉴湖水就是例证。正如陆羽在《茶经》中所说:“其江水，取去人远者。”

井水

井水属地下水，悬浮物含量少，透明度较高。所以，若能汲得活水井的水沏茶，也能泡得一杯好茶。唐代陆羽在《茶经》中说的“井取汲多者”，明代陆树声在《煎茶七类》中讲的“井取

《惠山茶会图》（明 文徵明）

位于江苏省无锡市西郊的惠山泉早在唐代就被推为“天下第二泉”。元代杨载在《惠山泉》一诗中写道:“此泉甘洌冠吴中，举世咸称煮茗功。”此画表现的是清明时节，文徵明与好友游于惠山，在二泉亭下以茶雅集的场景。

多汲者，汲多则水活”，说的就是这个意思。福建南安观音井，曾是宋代的斗茶用水，如今犹在。但人们所能采到的多为浅层地下水，特别是城市井水，易受周围环境污染，用来沏茶，有损茶味。

自来水

自来水含有用来消毒的氯气等，在水管中滞留较久的，还含有较多的铁质。当水中的铁离子含量超过万分之五时，它会使茶汤呈褐色，而氯化物与茶中的多酚类物质发生作用，又会在茶汤表面形成一层“锈油”，喝起来有苦涩味。所以用自来水沏茶，最好用无污染的容器，先贮存一天，待氯气散发后再煮沸沏茶，或者采用净水器将水净化，这样就可成为较好的沏茶用水。

纯净水

采用多层过滤、超滤和反渗透技术，可以将一般的饮用水变成不含有任何杂质的纯净水，并使水的酸碱度达到中性。用这种水泡茶，不仅净度好、透明度高，沏出的茶汤晶莹透澈，而且香气滋味纯正，无异杂味，鲜醇爽口。市面上纯净水品牌很多，大多数都宜泡茶。

虎跑泉

虎跑泉位于浙江省杭州市西南大慈山白鹤峰下慧禅寺（俗称“虎跑寺”）的侧院内。此泉水质甘洌醇厚，与龙井茶叶合称“西湖双绝”。

绿茶茶艺

绿茶的冲泡方法包括上投法、中投法、下投法。由于绿茶的品性不同，所以冲泡方法也有所不同，可根据个人喜好来选择适宜的冲泡方法。

上投法多适用于碧螺春、信阳毛尖、蒙顶甘露、恩施玉露等细嫩度极好的绿茶。先用热水温杯，提高茶具的温度，再向杯中注足热水，待水温适度时，再向杯中投放茶叶。冲泡出的绿茶保存了极好的嫩度，叶片依次展开，芽似枪，叶似旗，徐徐下沉，美妙绝伦，尽显茶芽本色。

中投法适用于黄山毛峰、庐山云雾、婺源茗眉等细嫩、松展或紧实的名优绿茶。先温杯，然后向杯中注入 1/3 杯 70℃ ~ 85℃的热水，待水温适中后，将适量茶叶投入杯中，让茶叶吸足水分舒展开来。然后以悬壶高冲法向杯中再次注入热水，让茶中的可溶性物质尽快浸出。

下投法适用于西湖龙井、竹叶青、六安瓜片、太平猴魁等芽叶肥壮的名优绿茶，由于水温比上投法高，可激发出绿茶的色、香、味。温杯后，将适量茶叶投入杯中，然后一次性向杯中注入 70℃ ~ 85℃左右的热水，将茶杯沿逆时针方向转动数圈，让茶叶和水充分接触。

适宜冲泡绿茶的茶具

西湖龙井茶艺

西湖龙井是绿茶中最具特色的茶品之一,被誉为“绿色皇后”。西湖龙井的冲泡一般采用下投法，选择用玻璃杯冲泡，以便观赏茶汤的色泽和茶叶在杯中的姿态。

1.备具

冲泡龙井茶要用透明玻璃杯，以便更好地欣赏茶叶在水中翻飞起舞的姿态，以及碧绿的茶汤和细嫩的茸毫。

2.赏茶

用茶则将茶叶从茶叶筒中放置到茶荷上，供客人观赏。

3.烫杯

将初沸的水倒入玻璃杯中烫洗杯具。

4.投茶

用茶匙把茶荷中的茶叶拨入茶杯中，茶与水的比例约为1：50。

5.润茶

向杯中倒入少许85℃左右的水，约占容量的1/3~1/4，轻轻旋动杯身，促使茶芽舒展。

6.高冲

高提水壶，将热水直泻入杯中，下倾上提反复3次，使茶叶在杯中上下翻动，促使茶汤均匀。这种手法又称“凤凰三点头”，同时表达了对客人与茶的敬意。

7.奉茶

将冲泡好的茶敬奉给客人。

8.品茗

品茶时先闻其香，后观其色，在细细品啜中感受其甘醇润喉，回味无穷。

红茶茶艺

冲泡红茶有两种方法：清饮泡法和调饮泡法。选清饮泡法时，每克茶的用水量以 50 ～ 60 毫升为宜，如果用红碎茶则每克茶用水 70 ～ 80 毫升；调饮泡法是在茶汤中加入糖、牛奶、蜂蜜、柠檬等调料，茶叶的投放量可随品饮者的口味而定。

祁门红茶茶艺

祁门红茶具有香高、色艳、味醇的特点，冲泡时水温以 90℃为宜，多采用白瓷杯冲泡。

1.备具

冲泡祁门红茶，以选用白瓷茶具为宜，以便观察欣赏其红艳明亮的汤色。

2.赏茶

将茶拨入茶荷中，欣赏祁门红茶紧细匀称的外形和乌润油亮的色泽。

3.烫壶

用沸水冲淋壶身内外，提高壶身的温度，这样可以更好地提高茶香。

4.投茶

用茶匙将茶叶拨入壶中，祁门红茶也被誉为“王子茶”，因此，这个步骤也被称作“王子入宫”。

5.冲水

冲泡祁门红茶要用沸水，采用悬壶高冲的方法可以使茶在壶中翻腾，更好地浸出茶汁。

6.分茶

将茶壶中的茶汤均匀地分入每个品茗杯中。

7.奉茶

将泡好的茶汤敬奉给每位来宾。

8.品饮

祁门红茶香气浓郁而高长，茶汤色泽红艳明亮，滋味甘甜鲜爽、浓醇爽口。

乌龙茶茶艺

乌龙茶的冲泡是最为讲究、最为复杂的。一般冲泡乌龙茶，宜选用紫砂壶，同时根据品饮人数选用大小适宜的壶。因乌龙茶的品种较多，茶叶外形具有较大的差异，所以不同的乌龙茶的投放量不同。条形的、半球形的乌龙茶，用量以壶的二三成满即可；松散的条索形乌龙茶，用量以壶的八成满为宜。乌龙茶茶艺又称“功夫茶”，而从某种意义上来说，功夫茶是现代茶艺的起源。

铁观音茶艺

安溪铁观音是乌龙茶中的佼佼者。冲泡后汤色金黄明亮，香气馥郁持久，滋味醇爽甘鲜。冲泡铁观音，宜用紫砂壶，以便更好地发挥铁观音的茶香与茶味。

1

2

1.叶嘉酬宾

将茶叶拨入茶荷中供来宾欣赏。安溪铁观音色泽褐绿、沉重若铁，茶香浓馥，是乌龙茶中的极品。

2.大彬沐淋

用沸水冲淋紫砂壶，既提高壶的温度，又起到清洁的作用。“大彬”原指明代紫砂壶名家时大彬，后成为紫砂壶的代称。

3.乌龙入宫

用茶匙将茶荷中的茶叶拨入紫砂壶中。

4.高山流水

将沸水冲入紫砂壶，借冲力使壶内的茶叶在水中翻滚，起到润茶的作用，并用壶盖将冲水时泛起的浮沫轻轻刮去。

5.凤凰点头

将紫砂壶中冲泡好的茶汤倒入公道杯，再用公道杯将茶汤均匀地分在每个闻香杯中。

6.龙凤呈祥

将品茗杯扣在闻香杯上。

7.鲤鱼翻身

将紧扣的两个杯子翻转过来，象征鲤鱼翻身跃过龙门，祝福在座的嘉宾事业飞黄腾达。

8.捧杯敬茶

将冲泡好的茶汤敬奉给来宾。

9.喜闻幽香

将闻香杯轻旋提起，拢在两手掌中，放在鼻端，细闻茶香，并观赏茶汤的清亮艳丽。

10.初品香茗

以拇指、食指夹住品茗杯，中指托杯底，分三口将杯中茶汤徐徐咽下，细品铁观音茶的滋味。

黑茶茶艺

黑茶有着独特的韵味，细细品啜，仿佛又带你走入茶马古道，马铃叮当，勾起无数沧桑的感觉，古典粗犷的陶器会将这样的感觉更加深入，油润的紫砂也可以将黑茶的陈韵发挥到极致。黑茶质地较为坚硬，为了使茶叶中的营养成分充分溶解，一般采用壶泡的方式，且宜用现沸的开水冲泡，茶叶的投放量以壶容量的三四成为好。

六堡茶茶艺

六堡茶成茶有一种特殊的槟榔香，红浓的汤色犹如红酒般闪亮，配以韵味十足的粗陶器具，可冲泡出醉人心脾的绝世佳茗。

1. 赏茶

将茶拨入茶荷中供客人欣赏。

2. 温壶

用沸水冲淋茶壶，提升壶体温度，也起到清洁茶壶的作用。

3. 投茶

用茶匙将茶荷中的六堡茶置入茶壶中。

4. 洗茶

将沸水冲入壶中，迅速将茶水倒出，清洁了茶叶，也使茶叶得到一定的舒展。

5. 冲泡

采用回旋冲水法将沸水冲入壶中，等待茶汁充分渗出。

6. 分茶

将泡好的茶汤均匀地分在每个品茗杯中。

7. 奉茶

将分好的茶敬奉给每位来宾，请君品饮。

黄茶茶艺

冲泡黄茶，最好是选用玻璃器皿，因为黄茶多以茶芽制成，用玻璃器皿冲泡时可以欣赏到一片片茶芽在水中上下翻腾飞舞的景象，棵棵肥壮的茶芽或浮于水面，或沉于水底，只有玻璃器皿才可以令我们充分欣赏到这曼妙的茶舞。冲泡黄茶的水温以70℃为宜。

霍山黄芽茶艺

霍山黄芽属芽茶，是黄茶中的上品，不仅香味高远而且外形美观，用玻璃杯冲泡既可以闻其香、品其味，还可以更好地欣赏茶叶在水中起舞的仙姿，观赏黄芽的汤色和茸毫。

1.赏茶

将茶拨入茶荷以供来宾欣赏。

2.烫杯

采用回旋斟水法烫杯，提高杯身温度，清洁茶杯。

3.投茶

将茶荷中的茶叶缓缓拨入杯中，茶与水的比例约为1：50。

4.冲水

先回旋斟水再以悬壶高冲的手法注水至七分满，水温约为90℃。

5.奉茶

将冲泡好的茶敬奉给来宾，请君品饮。

白茶茶艺

白茶，总是给人以纯洁的感觉，古往今来许多文人墨客都陶醉于它的淡雅。白茶犹如一位不食人间烟火的女子，漫步于凡间，这份淡雅、高贵、肃静，都凝聚在这一盏香茗之中，恐怕只有白瓷的细腻和纯洁才更能衬托出这份脱俗，又或者只有透明的玻璃，才可将这份淡雅看个通透。冲泡白茶时，每克茶的用水量约为 50 毫升。白茶的茶汁不易浸出，冲泡时间较长，适宜煎服。

白牡丹茶艺

白牡丹因外形酷似盛开的牡丹花而得名，而且此茶冲泡后汤色杏黄明亮，这里我们选用青花瓷小壶作为冲泡器具，可以将白牡丹杏黄的茶汤衬托得更加清澈明亮。

1. 赏茶

将茶置入茶荷，让来宾欣赏白牡丹所特有的花朵般的外形。

2. 洁具

用沸水冲淋茶壶，再将壶中的水倒入杯中，起到清洁器具的作用。

3. 投茶

用茶匙将茶荷中的茶拨入白瓷小壶中。

4. 冲泡

将水冲入壶中，舒展茶叶。白牡丹适合用75℃~ 80℃的水来冲泡。

5. 分茶

等到茶汁充分溢出后，将壶中的茶汤倒入公道杯中，再由公道杯分入每个品茗杯中，使每一杯茶汤都浓淡均匀。

6. 品饮

欣赏白牡丹杏黄明亮的汤色，品饮一口，滋味鲜醇。

再加工茶茶艺

在种类繁多的再加工茶中，茉莉花茶和普洱茶的冲泡手法十分讲究。

茉莉花茶茶艺

茉莉花香气怡人，给人以优雅的感觉，犹如花仙子降临人间。茉莉花茶中带着点香甜，也带着点悠悠的古韵，用盖碗来冲泡，才可以将这种天人合一的感觉发挥得淋漓尽致。细腻的瓷盖碗中，飘出淡淡茉莉花茶的幽香，让人不自觉地陶醉其中。茉莉花茶对水质的要求不是很挑剔，冲泡时应选用沸水，至少要95℃以上，高温的水才能泡出花茶的迷人芳香。

1.赏茶

欣赏花茶俊美的外形，闻其清新高长的香气。

2.净杯

在泡茶前用沸水冲淋碗身，提升茶碗的温度，这样更有利于茶汁的浸出。然后将水倒出，清洁了杯具后，准备泡茶。

3.投茶

用茶匙将茶荷中的干茶轻轻拨入碗中，茶与水的比例为1：50。

4.冲泡

用“凤凰三点头”的手法将沸水冲入碗中，使茶叶在碗里上下翻腾，加速茶汁的浸出。

5.奉茶

将冲泡好的茉莉花茶敬奉给客人。

6.品饮

左手端杯，右手持盖，轻轻拨动茶汤，再借杯盖闻其香气，再小口品啜，鲜爽怡人。

普洱茶茶艺

冲泡普洱茶一般选用沸水，这样才能使普洱茶的陈韵完全地发挥出来。在选具上也有很多选择，可以选用紫砂壶，也可选用盖碗或陶器。在这里我们选用的是陶质茶具，因为陶器特有的古典粗犷更加符合普洱茶深厚的陈韵。

1.备具

冲泡普洱茶可选用陶制茶具。

2.赏茶

将普洱散茶放入茶荷，欣赏其红褐色的色泽和匀整的茶条。

3.投茶

将茶荷中的普洱散茶拨入粗陶茶壶中。

4.高冲

将水壶提起，从一定高度将沸水冲入茶壶中，同时冲淋壶身，内外加温，促进茶汁浸出。

5.分茶

将壶中的茶汤倒入公道杯中，再由公道杯分入每个品茗杯，使每杯茶汤浓淡均匀。

6.奉茶

将分好的茶敬奉给每位来宾。

7.品饮

冲泡好的普洱茶汤色红润光亮，香气浓郁醇厚，品啜一口，体味普洱茶的甘香，回味无穷。

第四章　中国茶文化与茶俗

中华文明历史悠久，而茶文化在中国历史上有着很深厚的文化沉淀。中华文化中影响最大的儒、释、道三家与茶文化都有很深的渊源。而茶与礼俗、婚姻、祭祀更是有着密不可分的联系。由饮茶衍生出来的茶馆，作为茶文化传承与发展的载体，更是形成了独有的茶馆文化，成为中华茶文化不可或缺的重要一环。

茶与儒、释、道

中国茶文化的千姿百态，可以说是在儒、释、道文化共同影响下所形成的。儒、释、道三家思想相互激荡、融合，使中国茶文化在文化气质上更为清高、闲雅，充满了艺术与哲学的意味。

茶与儒家

中国是茶的故乡，而儒家文化是中国的本土文化，可以说儒家思想是茶文化产生的根基之一。儒家崇尚中庸之道，中庸之道亦被看成我国人民的智慧。它反映了我国人民对和谐、平衡以及友好精神的认识与追求。茶虽然对人的神经有一定的刺激兴奋作用，但它的基本诉求是：和而不乱，嗜而敬之。茶能使人在世俗

《事茗图》（明 唐寅）

唐寅（1470~1523），初字伯虎，更字子畏，号六如居士、桃花庵主等，吴县（今江苏苏州）人，是“吴门画派”的主要人物之一。这幅《事茗图》反映了明代文人的庭院书斋生活。画中茅屋里的案头上放置一把大壶，应是紫砂壶。侧屋一童子正在烹茶，桌案上也放着紫砂壶以及杯、罐等茶具。此图表现出明代文人雅士追求远离尘俗、品茗抚琴的闲适生活的志趣。

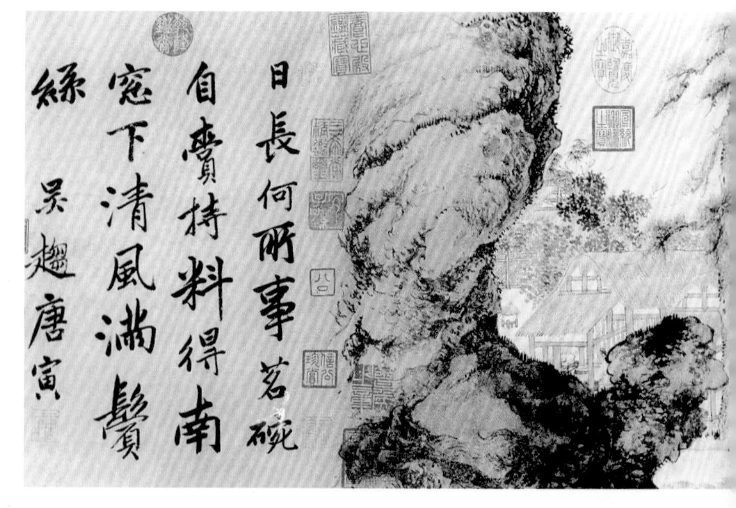

中以茶礼仁，以茶静心。品茗时静怡的心境、清雅的环境、融洽的茶友，包含着丰富的儒家美学思想。

茶是一种中正平和之物，通过煮茶品茶能平和人的心情，茶的审美境界能消除人的烦恼，因而茶作为一种饮料历来受到人们的青睐。唐人裴汶对茶性的体验为“其性精清，其味淡洁，其用涤烦，其力致和”，即饮茶能平和人的心情，并能产生冲淡、简洁、高尚、雅清的韵致。在中国的茶文化中，处处贯彻着和谐精神。

儒家认为饮茶可以使人清醒，更可以使人更多地自省，可以养廉，可以修身，可以修德。茶道强调的就是茶对人格自我完善的重要性。儒家的这种人格思想是中国茶文化的基础。茶被人们认为是“饮中君子”。茶的特点是“清”，高雅、深邃、清心、宁神的饮茶过程就是一个精神调节和自我修养的过程，就是灵魂的净化过程。文人大多仕途失意，归隐自然，文友相叙，吟诗联句，与佳茗相伴、与茶结缘者不可胜数。茶可以使人清醒，排遣孤闷，令人心胸开阔，助诗兴文思而激发灵感。

茶与佛家

茶文化与佛教文化虽是两种不同的文化，但却源远流长，息息相关。佛教在其漫长的发展历史中对茶的利用、发展与传播以及茶文化的形成起了重要的促进作用。

佛教最初由西域传入我国，到东汉明帝时才正式流传，几乎与茶树的广泛栽培同步；佛教盛于唐，又与饮茶习俗遍及中国几乎同步，这不是偶然的巧合。高山密林，云雾缭绕，是僧侣建庙和茶树生长的环境，茶与佛教基于各自的理由一同扎根于高山，因而首先利用茶叶的大都是寺庙的僧人。据四川地方志记载，西汉甘露普慧禅师吴理真结庐于四川蒙山，亲手栽了七株茶树，饮之能治百病，有“仙茶”之称。这是我国僧侣植茶的最早记载。

杭州径山寺大雄宝殿

唐大历三年（768年），法钦和尚始建径山寺，并在此地种茶。据径山寺《禅苑清规》记载，清茶不但是礼佛的供品，更是参禅的工具。唐宋时期，径山茶已经闻名海内外。日本僧人南浦昭明禅师曾在径山寺研究佛学，后把茶籽带回日本。可以说，径山茶是日本茶道文化的发祥地。

佛教中禅宗重视坐禅修行，聚思悟道，通常坐禅长达数日，久坐困乏，因而能够清心醒脑的茶叶便备受佛门青睐。饮茶不仅可以提神醒脑，破解寂枯，而且和茶道倡导的内心平静、意念集中、修身养性的精神不谋而合。于是佛门弟子争相饮茶，并以茶供佛，以茶示礼，以茶结善缘，把禅宗哲学思想融入宗教茶事之中。

禅宗规范《百丈清规》曾说："茶汤之礼乃丛林重要行事，不得慢易仓遑，列队时不得缺席。"又说："若有茶，就座不得垂衣，不得聚头笑语，不得支手揖人，不得包藏茶末。"可见在禅寺中，喝茶也是修行的一部分。坐禅时，每坐完一柱香就要下座饮茶，以提神益思，利于开悟；早上起床时，禅僧要先饮茶再礼佛，饭后也是先饮茶再做佛事。

随着饮茶之风的兴起，许多饮茶大师出身于寺院。被誉为"茶圣"、"茶仙"，被祀为"茶神"的唐代陆羽，三岁那年被智积禅师收养，智积禅师颇有种茶、制茶、煮茶、品茶的知识，在他的熏陶下，陆羽经过努力钻研，写出了世界上第一部茶叶专著《茶经》。唐代著名诗僧皎然善烹茶，写下许多有名的茶诗，他的《饮茶歌消崖石使君》诗云："一饮涤昏寐，情思满天地；再饮清我神，忽如飞雨洒轻尘；三饮便得道，何须苦心破烦恼……"

茶与道家

道家饮茶起源于将茶当成长生不老的灵药。南朝齐梁时期的道家著名人物陶弘景曾在《杂录》中说："茗茶轻身换骨，昔丹丘子、黄山君服之。"在魏晋南北朝，有许多把饮茶与羽化成仙联系起来的传说。贵生是道家为茶道注入的功利主义思想。在道家贵生、养生、乐生思想的影响下，中国茶道特别注重"茶之功"，即注重茶的保健养生的功能，以及怡情养性的功能。道家品茶不讲究太多的规矩，而是从养生、贵生的目的出发，以茶来助长功行内力。

另一方面，中国茶道强调“自然”和“天人合一”，这与道家“清静无为、道法自然”的思想颇有渊源。古人认为茶是大自然恩赐的“珍木灵芽”，在种茶、采茶、制茶时必须顺应自然规律才能产出好茶。在茶事活动中，一切要以自然为美，以朴实为美，一举手，一投足，一颦一笑都应发自自然，任由心性，绝无造作。饮茶者从茶壶水沸声中听到自然的呼吸，以自己的天性去接近自然，才能彻悟茶道、天道、人道。

《文会图》（北宋 赵佶）

宋徽宗赵佶（1082~1135），在位25年，是一位才华出众的风流天子，而且一生痴迷道家学说，追求修仙和长生，曾自封为“教主道君皇帝”，并下令搜遍天下道家之书，辑为《万寿道藏》；另一方面，宋徽宗又精通茶艺，著有《大观茶论》。他所作的《文会图》是公认的描绘古代茶宴的佳作，展现出宋代文士雅集的典型场景。

吃茶去

河北赵州观音寺的从谂大师，人称“赵州古佛”，他嗜茶成癖，说话间常说“吃茶去”。传说有僧到赵州，从谂大师问新近曾到此间么？曰曾到。师曰:“吃茶去。”又问僧，僧曰不曾到。师曰:“吃茶去。”后院主问曰:“为什么曾到也云吃茶去,不曾到也云吃茶去？”师召院主，主应诺，师曰:“吃茶去。”后人认为“吃茶去”是禅林法语，意为:只要吃茶，就能参禅悟道。

中国茶俗

茶俗是指在长期的社会生活中，逐渐形成的一种以茶为主题的或以茶为媒体的风俗习惯和礼仪。它随着社会形态的不断变化而变化，也具有很强的地域性、社会性、传承性和自发性，在不同的时代、地区、民族以及阶层中都有着不同的特点和内容。中国地域广阔，茶俗也因其地域性的不同可分为东南、西南、东北、西北和中原五个大的板块。而根据饮茶人阶层的不同可分为宫廷茶俗、文士茶俗、僧道茶俗和世俗茶俗等；根据茶俗文化的不同可分为日常饮茶、客来敬茶、婚恋用茶、祭祀供茶等。

以茶会友

以茶会友是一种传统的茶俗，即用茶来招待客人和朋友。早在唐宋时期，名人雅士们就喜欢以茶和友人们欢聚品饮。唐代著名书法家颜真卿就喜欢与三五朋友开怀畅饮。他曾在月夜与好友啜茶时写下《五言月夜啜茶联句》的名诗。宋代的苏轼也很喜欢与好友一起煮茶畅谈，曾与好友秦观一起游惠山，赏惠山名泉，以其水烹煮茗饮。

文人以茶会友，强调"君子之交淡如水"，这也表达了中国人的一种生活情趣、人格理想和审美境界。茶性的清苦、淡泊、洁静、高雅，正是中国人共同追求的一种理想人格。中国古代文人交友贵在知心，讲究这份诗意的"淡"，正如淡淡的一盏香茶，有唇齿留香的美好回味。

《品茶图》（明 陈洪绶）

陈洪绶（1598~1652），又名胥岸，字章侯，号老莲等，浙江诸暨人，是明代著名的人物画家。面画上两位高士相对而坐。正面高士左边的石上有一圆肚茶壶，茶壶旁边有黑色的茶炉，里面燃着红色的炭火，茶炉上为一直柄上翘的茶壶。此画把人物的隐逸情趣和文人高雅的品茶生活，渲染得既充分又得体，给人以美的享受。

奉茶敬客

客来敬茶是一种中国传统的茶俗，最早出现在魏晋南北朝时期，吴兴太守陆纳待客，"所设唯茶果而已"。到了唐宋时期，这种客来敬茶的习俗已经普遍存在于人们的生活中。唐代陆士修在《五言月夜啜茶联句》中说："泛花邀坐客，代饮引清言……"

宋代《萍洲可谈》中这样记载："今世俗，客至则啜茶此俗遍天下。”由此可见，这个时期客来敬茶的习俗已经甚是普遍。清代高鹗《茶》中的“晴窗分乳后，寒夜客来时”，至今仍为我国人民用茶敬客的佳句。到了如今，“以茶待客”更是成为人们生活中最常见的一种待客形式了。

茶与婚姻

古人认为，茶树只能以种子萌芽成株，而不能移植，故历代都将茶视为“至性不移”的象征。因“茶性最洁”，代表爱情冰清玉洁；茶树多籽，可象征子孙绵延繁盛；茶树又四季常青，以茶行聘寓意爱情永世常青，祝福新人白头偕老。所以中国民间世代相传的婚姻风俗都离不开茶。男女订婚，要以茶为礼，茶礼成为男女之间确立婚姻关系的重要形式。男子向女子求婚的聘礼，称“下茶”、“定茶”，而女方受聘，则称“受茶”、“吃茶”，礼成后即成为合法婚姻。民间向有“好女不吃两家茶”之说。

江西婺源民间传统的新娘茶（图片提供：CFP）

新人入洞房前，夫妇要共饮“合枕茶”。由新郎双手递一杯清茶，先给新娘喝一口，再自己喝一口，意味着完成了人生大礼。在我国南方地区，还有喝“新娘茶”的习俗。成婚后的第二天清晨，新娘在洗漱、穿戴后，由媒人搀引至客厅，正式拜见公公、婆婆，并向公婆敬茶。公婆饮毕，要给新娘红包，接着由婆婆引领新娘去向族中亲属及远道而来的亲戚敬茶，还要挨门挨户拜叩邻里，并敬茶。众亲友饮完茶，要随着放回杯子的同时，在新娘托盘中放置红包。

茶与祭祀

将茶作为供品祭祀在中国已经有着很悠久的历史，早在两晋南北朝时期就已经有了文字的记载，梁朝萧子显的《南齐书》中记载的齐武帝遗诏中就有这样的记述："我灵上慎勿以牲为祭，唯设饼、茶饮、干饭、酒脯而已。"到了唐代中期，饮茶之风在北方盛行，唐代朝廷建立了贡茶制度。贡茶就是专门进奉宫廷御用的茶叶，其中品质最好的部分是用来尊天敬地或拜祭祖先的。

古人祭祀用茶的方式多种多样，一般有这样三种常见的形式：一为在茶碗或茶盏中注上茶水用来祭祀；二是只用干茶作为祭祀用品，不冲泡；三是只用茶壶、茶盅这类的用具作为祭祀用品。以茶祭祀这种方式流传已久，日本、朝鲜及东南亚各国也曾有此类做法。

茶馆文化

茶馆也被称为"茶坊"、"茶屋"、"茶肆"、"茶寮"等，是招待人们饮茶的营业场所。最早的茶馆出现在南北朝时期，那时候品茗之风日趋盛行，专门供人饮茶的茶寮应运而生。茶寮既可以供人喝茶，也可以给来往的客商提供住宿，这样的经营方式形成了中国茶馆和旅馆的雏形。唐代的开元年间，很多城镇陆续出现了卖煎茶的店铺。而到了宋代，《古今小说·赵伯升茶肆遇仁宗》

中就这样描述："行到状元桥，有座茶肆……二人入茶肆坐下。"由此可见，宋代这样的店铺已经比较普遍，而所卖的茶水也逐渐增多。到了如今，茶馆更是以各种不同的特色存在于人们的生活中，各个地方的茶馆多有不同，都带有很浓厚的地方特色。这些风格不一、用途广泛的茶馆已经成为现代人生活中不可或缺的一部分。

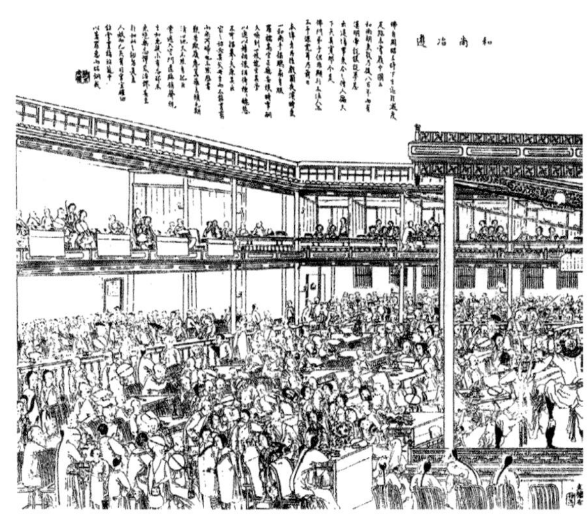

《点石斋画报》里的清代茶馆图

北京老茶馆

北京是五朝古都，茶文化也"集天下之大成"，其茶馆种类繁多，功能齐全。清代时，饱食终日的八旗子弟经常泡在茶馆中消磨时光，而在北洋政府和民国时期，各式茶馆又成了官僚政客、有闲阶层经常出没的场所。老北京的茶馆大多供应香片花茶，兼售红绿茶，茶具多用盖碗。老北京常见的茶馆类型有大茶馆、清茶馆、书茶馆、野茶馆和戏茶馆等。

大茶馆：老北京的大茶馆门面开阔，前堂后院，内部陈设考究，有的茶馆前还有空地，也放置茶桌，供茶客品茗、下棋、聊天。作家老舍笔下的《茶馆》，即是描写的此等茶馆。

清茶馆：清茶馆以卖茶为主，专供生意人、手艺人集会聚谈生意、行情，是互通信息的喝茶场所。

书茶馆：书茶馆一般文化气息较浓厚，每日有两场评书开讲，书前卖茶，并兼售茶点、瓜子佐茶，开书后即不卖茶。

野茶馆：野茶馆是设置于乡村野外的小茶坊，泥坯土房，芦苇屋顶，上砌桌凳，砂包茶壶，黄沙茶碗。所沏的茶色黑味苦，而饮茶环境则清雅幽静，富有田园野趣，空气也清新自然。去野茶馆品茗，独有一份自然之趣。

戏茶馆：戏茶馆是设有专门的戏台，让茶客喝茶、看戏带小吃的茶馆。

著名的北京老舍茶馆

成都老茶馆

在以农业文明的封闭性和静态性为特征的巴蜀文化的影响下，成都老茶馆是一个地域特点十分突出的茶馆类型。在史料记载中，中国最早的老茶馆起源于四川。早在民国初期，成都老茶馆已有四百多家，是历来老茶馆数量最多的城市。在空间格局和服务方式方面，成都老茶馆具有自己鲜明的特色。

老茶馆内，最具代表性的摆设是竹靠椅、小方桌、“三件头”盖碗、紫铜壶和老虎灶。在老茶馆中服务的堂倌都是掺茶“茶博士”，个个身怀绝技，这是成都老茶馆最具特色的服务形式。茶馆内卖报的、擦鞋的、修脚的、按摩的、掏耳朵的、卖瓜子豆腐脑的，穿梭往来，也算成都茶馆一景。茶客进得茶馆，往竹椅上一靠，伙计便大声打着招呼，冲上茶来。冲茶功夫是成都茶馆一绝，

四川成都老茶馆

如同杂技表演。正宗的川茶馆应有紫铜长嘴大茶壶、锡茶托、景瓷盖碗。伙计托一大堆茶碗来到桌前，抬手间，茶托已滑到每个茶客面前，盖碗“咔咔”端坐到茶托上，随后一手提壶，一手翻盖，一条白线点入茶碗，迅即盖好盖，速度惊人却方寸不乱，表现出一种优美韵律和高超技艺。

广州老茶馆

在“得风气之先”的岭南文化的影响下，广州老茶馆起步早，是南方沿海地域老茶馆的代表。广州老茶馆多被称为“茶楼”，楼上是老茶馆，楼下卖小吃茶点，其典型特点是“茶中有饭，饭中有茶”、餐饮结合。广州人向来有饮茶的习俗，尤其是“喝早茶”。广州老茶馆的雏形是清代的“二厘馆”，最初的功能是休闲和餐饮，为客人提供歇脚叙谈、吃点心的地方，以茶价低廉、每位只收二厘而得名（1钱等于72厘）。这些茶馆以平房作馆，内置木台、板凳和粗陶茶具，供应清茶和仅能果腹的松糕、大包，经济实惠，

广式茶楼中喝早茶的人（图片提供：FOTOE）

是劳苦大众歇息的地方。清光绪前期,茶居开始出现了,店铺比“二厘馆”舒适,为有闲阶层所欢迎。随后,楼高三层、比茶居更高档的茶楼又出现了。广州第一家上档次的茶楼是光绪年间的“三元楼”,位于当时商业中心的十三行,楼高四层,装饰得金碧辉煌、高雅名贵。从此,人们才把茶馆称为“茶楼”,把品茗称为“上茶楼”。

茶楼纷纷出现,争茶客,争生意,十分激烈,竞争手法集中表现为在建筑上争妍取胜和在食谱上推陈出新,逐步形成了广州茶楼的特色。茶楼一般高三层,底层有六七米高,二三层各高五米左右,四面是高框玻璃窗,空气流通,地方通爽,座位舒适,厅内悬挂字画、条幅、楹联等,环境布置清雅。茶靓水滚也是广州茶楼的特色之一。茶靓,指茶的品质上乘,能满足茶客的口味;水滚,指泡茶用沸水,还要“高冲低泡”,让沸水飞泻入壶,使茶叶上下翻动,将茶味充分泡出来。此外,茶楼的点心精美多样。广州人上茶楼,习惯“一盅两件”,即泡一盅茶,吃两件点心。广州茶楼的点心花式品种多,而且精小雅致,款式常新,保鲜味美,适时而食,有融南北之精华、取中西之优点,至今已发展到数百种点心,为全国之冠。

杭州老茶馆

在“人性柔慧,尚浮屠之教”的吴越文化的影响下,杭州老茶馆的发展是全国老茶馆业中最发达最先进的代表。在地理环境和自然资源上,西湖与“西湖双绝”——龙井茶、虎跑水是杭州老茶馆得天独厚的优势。

杭州茶馆最早兴于南宋,而在清末民初达到鼎盛时期。当时杭州茶馆遍及城乡,最多的时候颇具规模的大型茶馆就达三百多家,小型茶馆、茶摊更是不计其数,可以说茶馆浓缩了近代杭州的地域文化特征及风土人情、市井百态。

杭州城内，各水陆码头，交通要道，商贸集市地，都是茶馆密集之处。杭州的茶馆大多被称为“茶室”,具有浓厚的文化气息。比较著名的有柳浪闻莺的闻莺阁茶室，曲院风荷的湛碧楼茶室，平湖秋月的平湖秋月茶室，断桥残雪东侧的望湖楼茶室，还有虎跑茶室、老龙井茶室等等。杭州的茶室大多建在西湖畔风景如画的地方，面对好山好水，品一杯明前春茶，别有意境。

杭州西湖边的茶座

• 城市格调鉴赏系列 •

中国古典家具用材
鉴赏手册
定价：58.00 元

寿山石鉴赏手册
定价：49.00 元

白玉鉴赏手册
定价：49.00 元

红木家具鉴赏手册
定价：49.00 元

中国印鉴赏手册
定价：49.00 元

旗袍鉴赏手册
定价：49.00 元

紫砂壶鉴赏手册
定价：49.00 元

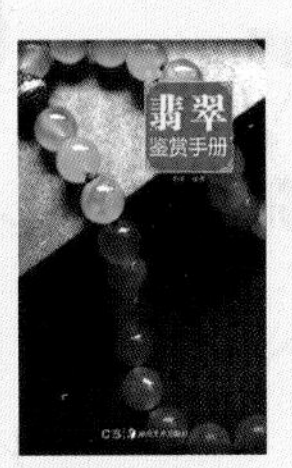

翡翠鉴赏手册
定价：49.00 元

中国茶鉴赏手册
定价：49.00 元

中国园林鉴赏手册
定价：49.00 元

日本园林鉴赏手册
定价：49.00 元

名犬鉴赏手册
定价：49.00 元

名表鉴赏手册
定价：49.00 元

雪茄 烟斗鉴赏手册
定价：49.00 元

白酒 黄酒鉴赏手册
定价：49.00 元

观赏鱼鉴赏手册
定价：49.00 元

读图时代
www.dutotime.com

总 策 划：蒋一谈
内容总监：毛白鸽
流程总监：钟　鸣
王　新
图文编辑：王　屏
美术编辑：陈强勇
整体设计：商子庄